WERKSTATTBÜCHER

Verzeichnis der zur Zeit greifbaren und der in Kürze erscheinenden Hefte, nach Fachgebieten geordnet

Das Gesamtverzeichnis mit Inhaltsangabe jedes einzelnen Heftes ist erhältlich in den Fachbuchhandlungen und unmittelbar beim
Springer-Verlag, 1 Berlin 31 (Wilmersdorf), Heidelberger Platz 3
Preis jedes Heftes DM 4,50, bei gleichzeitigem Bezug von 10 beliebigen Heften DM 3,60

(Fortsetzung 3. Umschlagseite)

WERKSTATTBÜCHER

FÜR BETRIEBSFACHLEUTE, KONSTRUKTEURE UND STUDIERENDE

HERAUSGEBER DR.-ING. H. HAAKE, HAMBURG

HEFT 18

Technische Winkelmessungen

Von

Georg Berndt und Harry Trumpold

Professor Dr. phil. Dr.-Ing. E. h.   Professor Dr.-Ing. habil.

Dritte neubearbeitete Auflage

(10. bis 15. Tausend)

Mit 111 Abbildungen

Springer-Verlag Berlin Heidelberg GmbH

1964

ISBN 978-3-540-03232-8
DOI 10.1007/978-3-642-88363-7

ISBN 978-3-642-88363-7 (eBook)

Inhaltsverzeichnis

1 Einführung

1.1 Allgemeines

Gegenüber der Bestimmung von Längen tritt die von Winkeln in der Technik stark zurück; dies zeigt bereits ein oberflächlicher Vergleich der Anzahl der für beide Zwecke zur Verfügung stehenden Meßgeräte. Dasselbe gilt auch bezüglich der jeweils zulässigen Fehler; geht man bei den Endmaßen, als den Normalen für technische Längenmessungen, bis auf die hundertstel Mikrometer ($1\,\mu\mathrm{m} = {}^1/_{1000}\,\mathrm{mm}$), so sind bei technischen Winkelmessungen Fehler von einigen Sekunden selbst bei höheren Ansprüchen noch zulässig (wobei allerdings von der Optotechnik abgesehen wird). Andererseits ist aber die Messung von Winkeln häufig weit schwieriger als die von Längen, wenn z. B. die Schenkel der Winkel nur von geometrisch definierten Linien gebildet werden (wie bei Kegellehren) oder gar nur in einem (nicht zu verwirklichenden) Schnitt auftreten, wie bei dem Flankenwinkel von Gewinden. Je nach den Umständen wird man also auch zur Bestimmung der Winkel den einzelnen Zwecken angepaßte Verfahren und Meßgeräte verwenden müssen.

1.2 Fehlerberechnung

1.21 Fehler

Jedes Gerät und jede Messung sind mit *systematischen* und mit *zufälligen* Fehlern behaftet, deren Kenntnis nötig ist, um die Unrichtigkeiten und Unsicherheiten der einzelnen Meßgeräte und Meßverfahren beurteilen zu können.

Nach DIN 1319 (Dez. 1963) ist:

Fehler = Falsch — Richtig oder auch

Fehler = Istmaß I — Sollmaß S bei Maßverkörperungen und

Fehler = Istanzeige — Sollanzeige bei anzeigenden Meßgeräten.

Der Fehler ist positiv (negativ), wenn das Maß oder die Anzeige größer (kleiner) als der „richtige" Wert ist. Dieser wird erhalten, wenn man den Fehler (unter Berücksichtigung seines Vorzeichens) bei Maßen zu ihrem Sollwert addiert, bei anzeigenden Geräten von der Beobachtung subtrahiert. Der relative Fehler wird auf das Sollmaß S bezogen:

$$\text{Relativer Fehler:} \quad \frac{I-S}{S}\,;$$

$$\text{Prozentualer Fehler:} \quad \frac{I-S}{S}\cdot 100\,.$$

1.211 Systematische Fehler. Die erfaßbaren systematischen Fehler haben unter gegebenen Umständen konstante Größe und bestimmtes Vorzeichen, können deshalb ermittelt und in Rechnung gesetzt werden. Ihre Ursachen sind z. B.: Gerätefehler, wie sie durch die zugelassenen Toleranzen der Bauelemente, durch Justierfehler oder durch Führungsfehler entstehen können; ferner Fehler des Normals, bekannte Abweichungen der Meßtemperatur von der Bezugstemperatur 20 °C; Verformung des Prüflings durch die Meßkraft.

Wird das gesuchte Maß y als Funktion verschiedener Meßgrößen $x_1, x_2, \ldots x_i$ erhalten, ist also $y = f(x_1, x_2, \ldots x_i)$, so ergibt sich der *beherrschbare* Fehler Δy

---

Anmerkung: Die erste Auflage dieses Werkstattbuches ist 1925, die zweite 1930 erschienen.

1*

von y aus den Fehlern Δx_1, Δx_2, ... Δx_i (unter Berücksichtigung ihrer Vorzeichen) nach der Gleichung:

$$\Delta y = \frac{\partial f}{\partial x_1} \Delta x_1 + \frac{\partial f}{\partial x_2} \Delta x_2 + \cdots \frac{\partial f}{\partial x_i} \Delta x_i, \tag{1}$$

wobei $\dfrac{\partial f}{\partial x_i}$ der partielle Differentialquotient von f nach x_i ist. Bei Nichtberücksichtigung des beherrschbaren Fehlers wird das Ergebnis um Δy *unrichtig*.

1.212 Zufällige Fehler. Zufällige Fehler zeigen sich darin, daß unter sonst gleichen Umständen (mit demselben Gerät und unmittelbar hintereinander von demselben Beobachter) ausgeführte Messungen desselben Prüflings voneinander abweichende Ergebnisse liefern. Die Ursachen dieser Streuung sind z. B.:

a) Reibungsschwankungen im Gerät,

b) Schwankungen der Umweltbedingungen, vor allem der Temperatur und

c) Schwankungen der persönlichen Auffassung des Beobachters.

Durch die zufälligen Fehler (Vorzeichen $\pm$) und durch vorhandene nicht erfaßbare systematische Fehler wird das Ergebnis um deren Betrag *unsicher*.

Der Betrag, mit dem die zufälligen Fehler in das Meßergebnis eingehen, läßt sich durch Wiederholung der Messungen und Bildung des arithmetischen Mittels $\bar{x}$ aus ihren Ergebnissen wesentlich vermindern. Um von den außergewöhnlichen Zufälligkeiten unabhängig zu werden, gibt man die mittlere quadratische Abweichung s einer einzelnen Beobachtung an, die als *Standardabweichung* bezeichnet wird. Sie berechnet sich aus der Gleichung:

$$s = \sqrt{\frac{\delta_1^2 + \delta_2^2 + \cdots \delta_i^2}{n-1}} = \sqrt{\frac{\sum \delta_i^2}{n-1}}, \tag{2}$$

wobei n die Zahl der Beobachtungen und δ_i die Differenz zwischen beobachtetem Einzelwert x_i und Mittelwert $\bar{x}$ bedeuten. Eine derartige Berechnung hat indessen nur Sinn, wenn n nicht zu klein ist; zweckmäßig wird man $n = 10$ nehmen[1].

Für eine Normalverteilung fallen im Mittel von 1000 unabhängigen Einzelwerten 317 (46) [3] außerhalb des Bereiches $\bar{x} \pm 1{,}0\,\sigma$ ($\bar{x} \pm 2{,}0\,\sigma$) [$\bar{x} \pm 3\,\sigma$] (statistische Sicherheit $P = 68{,}3$ (95,4) [99,7]%).

Bei der Fertigungsüberwachung wird zunehmend $P = 95\%$ vorgezogen. Der nach Berücksichtigung der erfaßbaren systematischen Fehler berechnete Mittelwert $\bar{x}$ ist nicht der wahre Wert der Meßgröße. Er liegt innerhalb der Vertrauensgrenzen $\bar{x} \pm \dfrac{t}{\sqrt{n}} \cdot s$; dabei hängt t von der gewählten statistischen Sicherheit P und der Anzahl n der Beobachtungen ab.

Für $P \approx 95\%$ und $n = 5$ (10) [50] {100} ist $\dfrac{t}{\sqrt{n}} = 1{,}24$ (0,72) [0,37] {0,20}.

Ist wiederum das Meßergebnis $y = f(x_1, x_2, \ldots)$ eine Funktion mehrerer voneinander unabhängiger Meßgrößen, $x_1, x_2 \ldots$, deren jede mit einer Unsicherheit δx_1, $\delta x_2 \ldots$ behaftet ist, dann ist der zufällige Fehler des Ergebnisses

$$\delta y = \sqrt{\left(\frac{\partial f}{\partial x_1} \delta x_1\right)^2 + \left(\frac{\partial f}{\partial x_2} \delta x_2\right)^2 + \cdots}. \tag{3}$$

Beispiel: Aus der dem gesuchten Winkel gegenüberliegenden Kathete E und der Hypotenuse L eines rechtwinkligen Dreiecks berechnet sich der Winkel φ aus:

$$\sin \varphi = \frac{E}{L} \quad \text{oder} \quad \varphi = \arcsin \frac{E}{L} \quad \text{(Abb. 1)}.$$

---

[1] Für eine sehr große Zahl n von Beobachtungen wird die mittlere quadratische Abweichung mit σ bezeichnet.

Mit den tatsächlich bestimmten (systematischen) Fehlern ΔE (einer Endmaßkombination $E = E_1 + E_2 + E_3$) und ΔL (eines Lineals der Länge L) wird der Fehler:

$$\Delta\varphi = \left(\frac{\Delta E}{L} - \frac{E \cdot \Delta L}{L^2}\right)\frac{1}{\cos\varphi} = \left(\frac{\Delta E}{E} - \frac{\Delta L}{L}\right)\tan\varphi. \tag{4}$$

Mit $E_1 = 100$ mm, $E_2 = 25$ mm, $E_3 = 1{,}6$ mm, $L = 500$ mm, ferner $\Delta E_1 = +0{,}3\ \mu$m, $\Delta E_2 = -0{,}1\ \mu$m, $\Delta E_3 = +0{,}2\ \mu$m, $\Delta L = -0{,}05$ mm werden: $E = 126{,}6$ mm, $\Delta E = +0{,}4\ \mu$m,

$$\sin\varphi = \frac{126{,}6}{500} = 0{,}2532, \qquad \varphi = 14°40';$$

$$\Delta\varphi = \left(\frac{400}{126{,}6}\cdot 10^{-6} + \frac{50\,000}{500}\cdot 10^{-6}\right)\cdot 0{,}2617\ \text{rad}$$

$$= +27{,}1\cdot 10^{-6}\ \text{rad} \approx +5{,}6''.$$

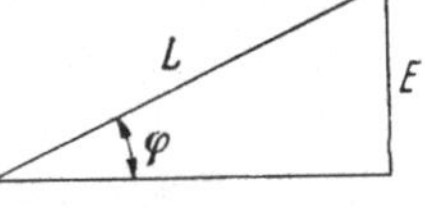

Abb. 1. Bestimmungsgrößen am rechtwinkligen Dreieck

Bei Nichtberücksichtigung dieser systematischen Fehler würde der Winkel $\varphi = 14°40'$ also um $\approx 5{,}6''$ zu groß erhalten. Wird die Einstellung von E durch eine Meßschraube vorgenommen, so wird bei einem ΔE von $+3\ \mu$m für das angenommene Beispiel der Fehler $\Delta\varphi = +6{,}7''$.

Sind die systematischen Fehler nicht bekannt, sind aber Größtwerte für jedes der drei Endmaße von $\pm 0{,}2\ \mu$m und für die Länge L von $\pm 0{,}1$ mm angegeben, die von den Herstellern als nicht überschritten garantiert werden, so erhält man die Unsicherheit mit

$$\delta E = \pm 0{,}2\sqrt{3} = \pm 0{,}35\ \mu\text{m} \quad \text{und} \quad \delta L = \pm 0{,}1\ \text{mm}$$

zu

$$\delta\varphi = \sqrt{\left(\frac{\delta E}{L}\right)^2 + \left(\frac{E\,\delta L}{L^2}\right)^2}\,\frac{1}{\cos\varphi} = \sqrt{\left(\frac{\delta E}{E}\right)^2 + \left(\frac{\delta L}{L}\right)^2}\,\tan\varphi. \tag{5}$$

$$\delta\varphi = \sqrt{\left(\frac{350}{126{,}6}\cdot 10^{-6}\right)^2 + \left(\frac{0{,}1}{500}\right)^2}\cdot 0{,}2617 = \sqrt{7{,}6\cdot 10^{-12} + 4\cdot 10^{-8}}\cdot 0{,}2617$$

$$\approx \pm 52\cdot 10^{-6}\ \text{rad} \approx \pm 10{,}7''.$$

Mit $\delta E = \pm 4\ \mu$m bei Einstellung mit Meßschraube wird

$$\delta\varphi = \sqrt{\left(\frac{400}{126{,}6}\cdot 10^{-5}\right)^2 + \left(\frac{0{,}1}{500}\right)^2}\cdot 0{,}2617 = \sqrt{10\cdot 10^{-10} + 4\cdot 10^{-8}}\cdot 0{,}2617$$

$$\approx \pm 53\cdot 10^{-6}\ \text{rad} \approx \pm 10{,}9''.$$

Bei den angenommenen Verhältnissen sind sowohl für die Unrichtigkeit $\Delta\varphi$ als auch für die Unsicherheit $\delta\varphi$ des Meßergebnisses vor allem die Größen ΔL bzw. δL des Lineals bestimmend.

Darf eine bestimmte Unsicherheit nicht überschritten werden, so kann Gl. (3) dazu dienen, die Toleranzen festzulegen, innerhalb derer die einzelnen Teile eines Gerätes gefertigt werden müssen, oder auch die Unsicherheiten, die bei der Messung der einzelnen Größen x_i höchstens zugelassen werden dürfen.

Nach Gl. (5) ist

$$\left(\frac{\delta E}{E}\right)^2 + \left(\frac{\delta L}{L}\right)^2 = \frac{\delta\varphi^2}{\tan^2\varphi}\,.$$

Bei einer vorgegebenen Länge L (= 500 mm) folgt E aus

$$E = L\cdot\sin\varphi;$$

somit

$$(\delta E)^2 + (\delta L\cdot\sin\varphi)^2 = L^2\cdot\cos^2\varphi\cdot\delta\varphi^2;$$

für den oben angenommenen Winkel von $\varphi = 14°40'$ ergibt sich mit $\sin\varphi = 0{,}2532$ und $\cos\varphi = 0{,}9674$ bei einer zugelassenen Unsicherheit von $\delta\varphi = \pm 10'' = \pm 4{,}85\cdot 10^{-5}$ rad:

$$\delta E^2 + \delta L^2\cdot 6{,}4\cdot 10^{-2} = 25\cdot 10^4\cdot 0{,}936\cdot 25\cdot 10^{-10} = 585\cdot 10^{-6}.$$

Bei Höhenverstellung E mittels einer Meßschraube des Gütegrades I nach DIN 863 ist $\delta E = \pm 4\ \mu$m. Damit wird:

$$\delta L^2\cdot 64\cdot 10^{-3} \approx 585\cdot 10^{-6} - 16\cdot 10^{-6} = 569\cdot 10^{-6},$$

$$\delta L = \pm 9{,}4\cdot 10^{-2} = 94\ \mu\text{m} \approx \pm 0{,}1\ \text{mm}.$$

Unter den angenommenen Verhältnissen würde es also genügen, die Länge $L = 500$ mm auf $\pm 0{,}1$ mm einzuhalten. Praktisch wird man eine etwas engere Toleranz wählen, da bei der Messung noch weitere (hier nicht betrachtete) zufällige Fehler hinzukommen können.

2 Winkeleinheiten (s. DIN 1315)

Die folgenden Definitionen gelten für ebene Winkel. Der *Radiant* (rad) ist der ebene Winkel, dessen Längenverhältnis „Kreisbogen zu Kreisradius" gleich 1 ist.

Winkelangaben in Radiant sind auch ohne Angabe der Einheit zulässig (z. B. $2\pi = 2\pi$ rad).

Der *rechte Winkel* (∟ sprich: „Rechter") ist gleich dem $\frac{\pi}{2}$-fachen des Radianten, so daß

$$1 = \frac{\pi}{2}\,\text{rad} = \frac{\pi}{2}.$$

Der *Grad* oder *Altgrad* (°) ist gleich dem 90. Teil des rechten Winkels, so daß

$$1° = \frac{\pi}{180}\,\text{rad} = \frac{\pi}{180}.$$

Das *Gon* oder der *Neugrad* ($^\text{g}$) ist gleich dem 100. Teil des rechten Winkels, so daß

$$1^\text{g} = \frac{\pi}{200}\,\text{rad} = \frac{\pi}{200}.$$

Da ein Winkel in Radiant gegeben ist durch das Verhältnis der Länge des um seinen Scheitel mit dem Halbmesser r geschlagenen Kreisbogens zu r oder auch durch die Länge des um seinen Scheitel mit dem Halbmesser 1 geschlagenen Kreisbogens, ist die Messung des Winkels auf die zweier Längen zurückgeführt.

Da ferner ein rechter Winkel jederzeit zu konstruieren ist, bedarf die Winkeleinheit zu ihrer Definition keines körperlichen Normals; wohl aber sind für den praktischen Gebrauch Verkörperungen der Winkeleinheiten und ihrer Vielfachen (z. B. von 1) erforderlich.

2.1 Unterteilung der Winkeleinheiten

Es werden unterteilt

Der *Radiant*: dezimal;

der *Grad* oder *Altgrad*: meist sexagesimal, in zunehmendem Maße aber auch dezimal (besonders für numerische Berechnungen).

Dabei gelten folgende Untereinheiten:

$$1° \text{ (Grad)} = 60' \text{ (Minuten)} = 3600'' \text{ (Sekunden)},$$

$$1' = 60''.$$

Für die dezimale Einteilung gilt:

$$
\begin{aligned}
0{,}1° &= 6' &&= 360'' \\
0{,}01° &= 0{,}6' &&= 36'' \\
0{,}001° &= 0{,}06' &&= 3{,}6'' \\
0{,}1' &= 6''
\end{aligned}
$$

Beispiel:

$$
\begin{array}{ll}
2{,}375° & 2{,}3° = 2°\,18' \\
 & 0{,}07° = 4{,}2' \\
 & 0{,}005° = 0{,}3' \\
\hline
 & 2{,}375° = 2°\,22'\ 30''
\end{array}
$$

Das *Gon* oder der *Neugrad* wird dezimal unterteilt.
Als Untereinheiten gelten

$$1^\text{g} \text{ (Neugrad)} = 100^\text{c} \text{ (Neuminuten)} = 10000^\text{cc} \text{ (Neusekunden)}$$

$$1^\text{c} = 100^\text{cc}.$$

Tabelle 1. *Umwandlung von dezimaler in sexagesimale Altgradunterteilung*

Grad	Minuten	Grad	Minuten	Sekunden	Grad	Sekunden
0,1	6	0,01		36	0,001	3,6
0,2	12	0,02	1	12	0,002	7,2
0,3	18	0,03	1	48	0,003	10,8
0,4	24	0,04	2	24	0,004	14,4
0,5	30	0,05	3	00	0,005	18,0
0,6	36	0,06	3	36	0,006	21,6
0,7	42	0,07	4	12	0,007	25,2
0,8	48	0,08	4	48	0,008	28,8
0,9	54	0,09	5	24	0,009	32,4

Es sind aber möglichst Angaben von Neuminuten und Neusekunden (z. B. $53^g\,75^c\,86^{cc}$) durch die Dezimalschreibweise (z. B. $53{,}7586^g$) zu ersetzen.

Bei *Übersetzungen* ist zu beachten, daß
Altgrad = Grad = degré (französisch) = degree (englisch) = Градус (Gradus, russisch).
Neugrad = Gon = grade (französisch) = grade (englisch) = Град (Grad, russisch).

2.2 Beziehungen zwischen den Winkeleinheiten

Aus den Werten von Tabelle 2 ergibt sich, daß

$$\text{arc}\,1° = 0{,}017\,453\,29\ \text{rad} = \frac{1}{\varrho°} = \frac{1}{57{,}3}\,,$$

$$\text{arc}\,1' = 2{,}908\,882 \cdot 10^{-4}\ \text{rad} = \frac{1}{\varrho'} = \frac{1}{3438} \approx 3 \cdot 10^{-4}\,,$$

$$\text{arc}\,1'' = 4{,}848\,137 \cdot 10^{-6}\ \text{rad} = \frac{1}{\varrho''} = \frac{1}{206\,265} \approx 5 \cdot 10^{-6}\,.$$

Mit den Werten für $\varrho°$, ϱ' und ϱ'' ist in einfacher Weise eine Umrechnung von Altgradeinheiten in Radiant möglich. Es ist

$$\text{arc}\,\varphi = \widehat{\varphi} = \frac{\varphi°}{\varrho°} = \frac{\varphi'}{\varrho'} = \frac{\varphi''}{\varrho''}\,.$$

Tabelle 2. *Umwandlungstabelle für ebene Winkel* (DIN 1315 August 1959)

	rad	⌐	°	° ′ ″	g
1 rad =	1	0,636 619 7...	57,295 77...	57 17 44,8	63,661 97
$1^{⌐} = \dfrac{\pi}{2} =$	1,570 796...	1	90	90 00 00,0	100
$1° = \dfrac{\pi}{180} =$	0,017 453 29...	0,011 111 11	1	1 00 00,0	1,111 111
$1^g = \dfrac{\pi}{200} =$	0,015 707 96...	0,01	0,9	0 54 00,0	1

Tabelle 3. *Beziehungen zwischen den Winkeleinheiten*

	Altgrad	Neugrad	Radiant	Minuten	Neuminuten	Sekunden	Neusekunden
1′	0,016 667	0,018 519	$2{,}908\,882 \cdot 10^{-4}$	1,000 000	1,851 851	60	185,1851
1°	0,009 000	0,010 000	$1{,}570\,796 \cdot 10^{-4}$	0,540 000	1,000 000	32,400	100
1″	0,000 278	0,000 309	$4{,}848\,137 \cdot 10^{-6}$	0,016 667	0,030 864	1,000 000	3,086 420
1^{cc}	$9 \cdot 10^{-5}$	$1 \cdot 10^{-4}$	$1{,}570\,796 \cdot 10^{-6}$	0,005 400	0,010 000	0,324 000	1,000 000

Tabelle 4. *Umrechnung von Altgrad, -minuten und -sekunden in Bogenmaß (Radiant)*
(Länge der Kreisbögen für den Radius 1)

Grad	Radiant	Minuten	Radiant	Sekunden	Radiant
1	0,017 453	1	0,000 291	1	0,000 005
2	0,034 907	2	0,000 582	2	0,000 010
3	0,052 360	3	0,000 873	3	0,000 015
4	0,069 813	4	0,001 164	4	0,000 019
5	0,087 266	5	0,001 454	5	0,000 024
6	0,104 720	6	0,001 745	6	0,000 029
7	0,122 173	7	0,002 036	7	0,000 034
8	0,139 626	8	0,002 327	8	0,000 039
9	0,157 080	9	0,002 618	9	0,000 044
10	0,174 533	10	0,002 909	10	0,000 048
20	0,349 066	20	0,005 818	20	0,000 097
30	0,523 599	30	0,008 727	30	0,000 146
40	0,698 132	40	0,011 636	40	0,000 194
50	0,872 665	50	0,014 545	50	0,000 242
60	1,047 197	60	0,017 454	60	0,000 291
70	1,221 730				
80	1,396 263				
90	1,570 796				
100	1,745 329				

Kleine Winkel werden häufig in $^1/_{1000}$ rad angegeben. Der Kreisbogen kann dabei auch durch eine Gerade ersetzt werden, da bei kleinen Winkeln

$$\tan\varphi \approx \sin\varphi \approx \varphi \text{ (rad)} \quad \text{ist.}$$

Es gilt:

$$10^{-3}\,\text{rad} = 1\,\frac{\text{mm}}{\text{m}} = 3{,}438' = 6{,}366^\text{c},$$

$$1' = 0{,}2909\,\frac{\text{mm}}{\text{m}} = 0{,}000\,2909 \text{ (rad)} \approx 3 \cdot 10^{-4},$$

$$1'' = 4{,}848\,\frac{\mu\text{m}}{\text{m}} = 0{,}000\,004\,848 \text{ (rad)} \approx 5 \cdot 10^{-6}.$$

3 Meßgeräte für Winkelmessungen

3.1 Maßverkörperungen

3.11 Winkelstrichmaße

Winkelstrichmaße sind meist voll- oder halbkreisförmige Körper, die zwischen radial nach dem Mittelpunkt gerichteten Marken einen oder mehrere Winkel einschließen. Die bekannteste Ausführungsform, die zugleich als Gebrauchsnormal des Winkels Verwendung findet, ist der Teilkreis (Abb. 2), der, dem jeweiligen Verwendungszweck entsprechend geteilt, meist in Meßeinrichtungen eingebaut ist.

Eine Sonderform stellt der magnetische Teilkreis dar, der anstelle der Strichmarken ein auf eine Trägerschicht aufgebrachtes magnetisches Sinusfeld besitzt[1].

Bei guten Metallkreisen sind die Striche vorwiegend auf einer Silbereinlage angebracht; sie ist gegen Korrosion, vor allem durch den Schwefelgehalt der Luft, zu schützen.

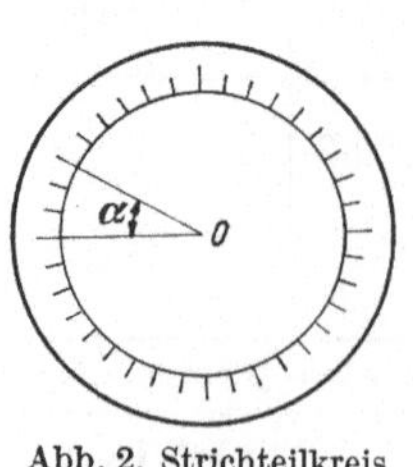

Abb. 2. Strichteilkreis

---

[1] Näheres s. K. STEPANEK: Magnetischer Maßstab zur Erhöhung der Genauigkeit von Verzahnungsmaschinen. Maschinenmarkt 1958, Februar, S. 11—13.

Glasteilkreise korrodieren nicht; sie lassen sich im durchfallenden Licht beobachten und können daher genauer abgelesen werden bzw. einen kleineren Durchmesser erhalten. Sie werden deshalb in immer stärkerem Maße benutzt. Der Skalenwert (Skw) beträgt je nach Durchmesser des Teilkreises $^1/_1{}^\circ$ bis $^1/_{12}{}^\circ$ (neben sexagesimal geteilten Kreisen sind auch Teilungen in Neugrad gebräuchlich).

Abgelesen werden die Minuten und Sekunden bei Teilkreisen, die in Meßeinrichtungen eingebaut sind, mit Hilfe von Nonien oder Ablesehilfen, wie sie auch zur Ablesung von Strichmaßstäben Verwendung finden. Entsprechen n Teilungen des Nonius $(n-1)$ Teilungen des Teilkreises, so gibt die Ablesung $1/n$ des Intervalls der Hauptteilung, also z. B. bei $^1/_4{}^\circ$ und $n = 15$ eine Ablesung von $^1/_{15} \cdot {}^1/_4{}^\circ = 1'$.

Für feinere Messungen muß man ein Meßmikroskop, meist mit Okularmeßschraube, benutzen, das praktisch so eingerichtet ist, daß der Skw der Teiltrommel 1 sek beträgt, wobei $^1/_{10}$ sek geschätzt werden können. Bei genügend großen Teilkreisen kann man kleine Bögen unbedenklich durch die Tangente ersetzen. Die Teilungsfehler bester Teilkreise belaufen sich auf etwa 0,5 bis $2''$.

Einfluß der Außermittigkeit: Erfolgt die Ablesung des Teilkreises nur an einer Stelle, so wirkt sich neben dem Teilungsfehler noch die Außermittigkeit e der Drehachse D des Teilkreises zum geometrischen Mittelpunkt M der Kreisteilung als Gerätefehler auf die Winkelmessung aus.

In Abb. 3 ist angenommen, daß in der Ausgangsstellung D und M auf einem Durchmesser $AB = 2R$ liegen. Dreht man den Schenkel um den Winkel $ADC = \varphi$, so wird bei C der Winkel $AMC = \varphi - \Delta\varphi$ abgelesen. Es ergibt sich also ein Fehler der Größe $MCD = \Delta\varphi$. Aus dem Dreieck MCD folgt:

$$\frac{DM}{MC} = \frac{\sin MCD}{\sin CDM}$$

oder

$$\frac{e}{R} = \frac{\sin \Delta\varphi}{\sin \varphi}$$

und somit

$$\Delta\varphi = \frac{e}{R}\sin\varphi. \tag{6}$$

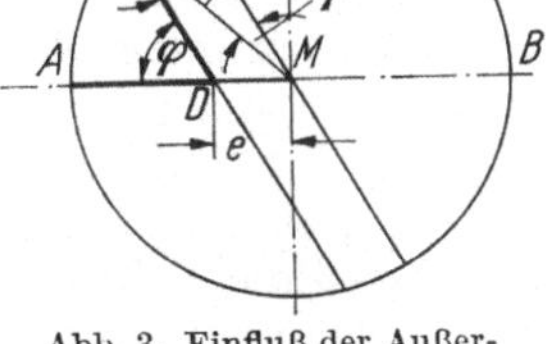

Abb. 3. Einfluß der Außermittigkeit

In Tabelle 5 sind die Werte von $-\Delta\varphi$ für Winkel von 0 bis 90° unter der Annahme $e = 1$ mm und $R = 100$ mm berechnet, wobei sie von der vorher angenommenen Ausgangsstellung aus gezählt sind. Für Winkel γ zwischen 90° und 180° gelten dieselben Werte wie für einen Winkel $\varphi = 180^\circ - \gamma$. Für Winkel φ' über 180° gelten dieselben Werte, aber mit entgegengesetztem Vorzeichen wie für Winkel $\varphi = \varphi' - 180^\circ$.

Tabelle 5

Fehler $-\Delta\varphi$ bei einer Außermittigkeit $e = 1$ mm und einem Teilkreisradius $R = 100$ mm

φ	$-\Delta\varphi$	φ	$-\Delta\varphi$
1°	$36'' = 0'\ 36''$	30°	$1030'' = 17'\ 10''$
2°	$72'' = 1'\ 12''$	35°	$1182'' = 19'\ 42''$
3°	$108'' = 1'\ 48''$	40°	$1324'' = 22'\ 4''$
4°	$144'' = 2'\ 24''$	45°	$1457'' = 24'\ 17''$
5°	$180'' = 3'\ 0''$	50°	$1578'' = 26'\ 18''$
7°	$251'' = 4'\ 11''$	60°	$1784'' = 29'\ 44''$
10°	$358'' = 5'\ 58''$	70°	$1936'' = 32'\ 16''$
15°	$533'' = 8'\ 53''$	80°	$2029'' = 33'\ 49''$
20°	$705'' = 11'\ 45''$	90°	$2060'' = 34'\ 20''$
25°	$871'' = 14'\ 31''$		

Für andere Werte von e und R erhält man $\Delta\varphi$ aus der Beziehung

$$\Delta\varphi = \frac{100 \cdot e}{R} \cdot \text{Tabellenwert}.$$

Eine graphische Darstellung, die natürlich eine Sinuslinie ist, findet man für Winkel von 0 bis 360° in Abb. 4.

Eine Berechnung dieses Fehlers ist in der Regel nicht möglich, da die Größe der Außermittigkeit e nicht bekannt ist. Man könnte daran denken, sie dadurch zu ermitteln, daß man den Außenkreis auf den Meßbolzen eines fest aufgestellten Feinzeigers einwirken läßt, und zwar wäre e dann der halbe Unterschied zwischen der größten und kleinsten Anzeige. Das gilt aber nur unter der Voraussetzung, daß der Außenkreis mittig zu der Teilung ist (beide denselben Mittelpunkt M haben).

Praktisch aber haben beide verschiedene Außermittigkeit, z. B. durch nichtmittige Aufspannung beim Teilen oder infolge Außermittigkeit des Originalkreises, nach welchem der Gebrauchskreis kopiert ist. Bei sehr gut ausgeführten Teilkreisen, wie sie für geodätische Instrumente gebraucht werden, sind die Außermittigkeiten außerordentlich klein und gehen bis auf 1 μm herunter. Bei den gröberen des Maschinenbaues muß man aber mit größeren Beträgen (bis zu $^1/_{100}$ mm) rechnen.

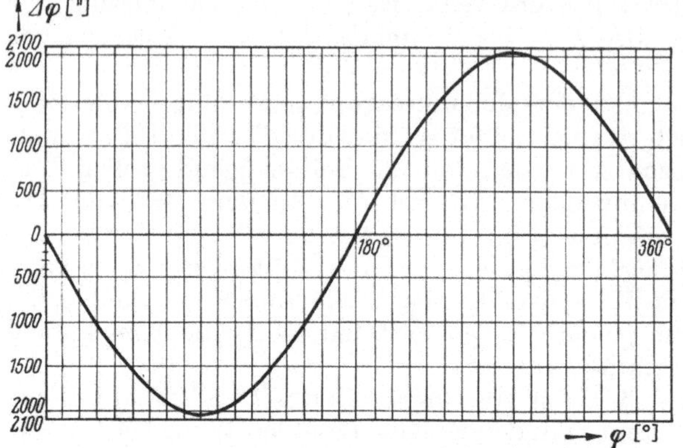

Abb. 4. Fehlerkurve bei einer Außermittigkeit $e = 1$ mm und $R = 100$ mm

Allerdings läßt sich der Außermittigkeitsfehler durch Bildung des Mittels der Ablesungen an zwei um 180° versetzten Stellen ausschalten, was auch daraus folgt, daß die Fehler der Winkel φ und $180° + \varphi$ einander entgegengesetzt gleich sind, wie auch unmittelbar aus Abb. 4 ersichtlich. Dazu wäre erwünscht, daß die Teilung von A und von B aus von 0° bis 180° beziffert ist. Ist dagegen die Teilung von 0° bis 360° beziffert, so muß man von der Ablesung auf dem unteren Halbkreis 180° abziehen.

Bei Messungen von einer Stellung φ' bis zu einer Stellung φ'' wird

$$\Delta\varphi \approx \frac{e}{R}(\sin\varphi' - \sin\varphi'') \tag{7}$$

und im Maximum

$$\Delta\varphi_{\max} \approx \frac{e}{R}(\sin 90° - \sin 270°) \approx 2\,\frac{e}{R}.$$

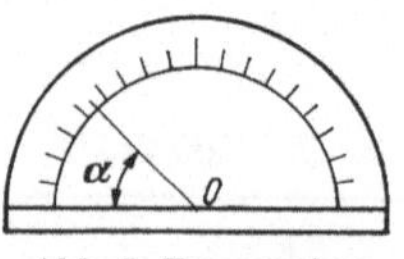

Abb. 5. Transporteur

$\Delta\varphi_{\max}$ ist die Amplitude der Sinuskurve in Abb. 4.

Bei $e = 0{,}01$ mm und $R = 50$ mm wird $\Delta\varphi_{\max} = 4 \cdot 10^{-4}$ rad $\approx 1'22''$. Wie aus Gl. (6) folgt, wird $\Delta\varphi = 0$ für $R = \infty$.

Dieser Fall läßt sich verwirklichen bei Messungen mit Theodolit und Kollimator (s. Abschn. 3.25) oder mit Libellen (s. Abschn. 3.23).

Eine rohere Form der Winkelstrichmaße ist der (seit 1860 benutzte) Transporteur (Abb. 5). Er besteht aus einem geteilten Halbkreis, dessen Mittelpunkt in der unteren Schiene gekennzeichnet ist. Bei den auf Papier gedruckten Teilungen muß man mit Fehlern von mindestens $^1/_5{}^\circ$, bei sauberer Teilung auf Metall von $3'$ rechnen. Zu diesen Teilungsfehlern treten dann aber noch die Schätzungsfehler mit mindestens $^1/_{10}{}^\circ$, so daß sich im letzten Falle eine Unsicherheit von etwa $\pm\,10'$ ergibt. Transporteure werden auch als Vollkreise aus meist durchsichtigem Kunststoff (Plexiglas, Polystyrol) hergestellt und vorwiegend als Zeichenhilfsmittel verwendet.

3.12 Teilscheiben

Teilscheiben sind Vollkreise, bei denen die Verbindung der auf einem Kreis gelegenen Löcher zum Kreismittelpunkt (Lochscheiben Abb. 6) oder radial verlaufende Flächen (Rastenscheiben Abb. 7) eine Reihe gleicher Winkel einschließen.

Zu den Teilscheiben kann man auch die Spiegelpolygone zählen, bei denen gleiche Winkel durch zur Drehachse parallele optisch ebene Spiegelflächen eingeschlossen werden.

Während die Teilscheiben und Rastenscheiben vorwiegend an Teilköpfen Verwendung finden, werden die Spiegelpolygone in Verbindung mit Autokollimations-

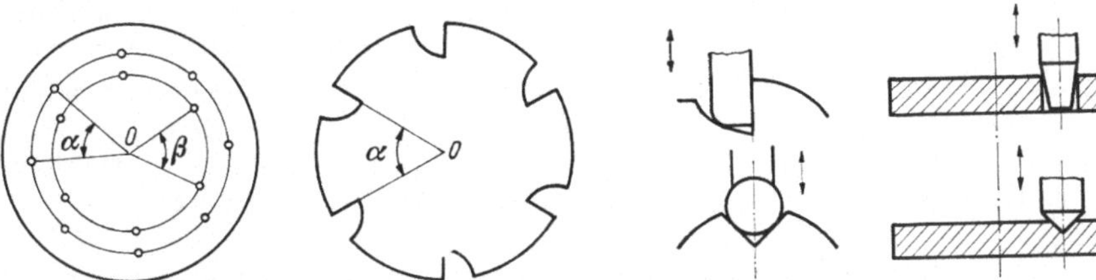

Abb. 6. Lochscheibe　　　Abb. 7. Rastenscheibe　　　Abb. 8. Arretierungen für Loch- und Rastenscheiben

fernrohren zu sehr genauen Winkelmessungen benutzt. Sie brauchen dabei (wegen $R = \infty$) gegenüber den übrigen Kreisteilungsnormalen nicht genau zur Achse des Prüflings zentriert zu werden.

Um bei der Festlegung von Winkelstellungen bei Rasten- und Lochscheiben stets dieselbe räumliche Lage für jede Teilung wieder zu erhalten, sind die Arretierungen möglichst nach den in Abb. 8 dargestellten Beispielen vorzunehmen.

3.13 Winkelendmaße

Winkelendmaße sind Körper, die durch Neigung ihrer ebenen Flächen oder Mantellinien zueinander bestimmte Winkel darstellen.

Bei Vollwinkelmaßen begrenzen die Meßflächen den Körper nach außen, bei Hohlwinkelmaßen nach innen; bei rechten (Stahl-)Winkeln ist beides vereinigt (Abb. 9).

3.131 Feste Winkelendmaße. Diese sind, homogenen Werkstoff und gleiche Temperatur an allen Stellen des Prüflings vorausgesetzt, (im Gegensatz zu den Verkörperungen von Längenmaßen) unabhängig von der Temperatur. Anfassen mit den Händen muß aber

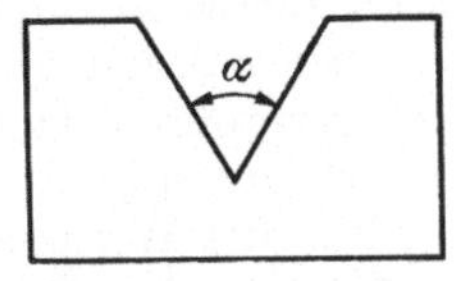

Abb. 9. Winkelendmaße

bei genauen Maßen vermieden werden, weil dabei nur ein bestimmter Teil erwärmt wird.

Die Winkelendmaße, deren flächenmäßige Bearbeitung denen der Parallelendmaße gleichkommt, sind in verschieden gestuften Sätzen zusammengefaßt und ermöglichen durch Zusammensetzung bei Summen- und Differenzenbildung die Darstellung beliebiger Winkel in Abstufungen bis zu 1″. Die Fehler der Winkelendmaße, die Einflüsse bei der Bildung von Winkelendmaßkombinationen und die Einsatzmöglichkeiten lassen jedoch erst eine Stufung von 1′ zweckmäßig erscheinen[1].

Wie man durch Zusammensetzen (wobei die Winkelmaße wie Parallelendmaße angeschoben werden) bestimmte Winkel herzustellen vermag, zeigt Abb. 10.

Ein großer Winkelendmaßsatz[2] enthält z. B. 85 Maße in folgender Anordnung:

15 Stücke mit den Winkeln 10° bis 11°, von denen jedes 4 Winkel in Abstufungen von 1′ darstellt.

40 Stücke mit den Winkeln 0° bis 90°, von denen das erste 1, die folgenden sechs je 4 Winkel und der Rest je 2 Winkel in Abstufungen von 1° und

30 Stücke von 89° bis 90°, von denen jedes 2 Winkel in Abstufungen von 1′ verkörpert.

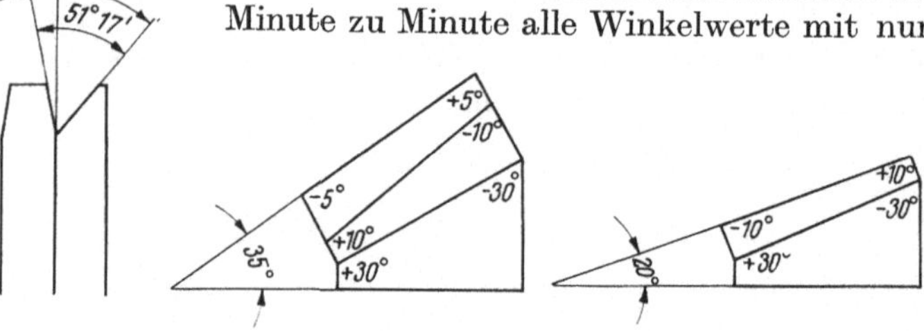

Abb. 10. Beispiele für Winkelendmaßkombinationen

Man kann mit diesem Satz zwischen 10° und 350° in Stufen von Minute zu Minute alle Winkelwerte mit nur zwei Maßen zusammensetzen, während zwischen 0° und 10° sowie 350° und 360° nur eine Abstufung von Grad zu Grad möglich ist.

Der größte Fehler jedes Winkelmaßes wird mit $\pm 12''$ angegeben, so daß die zu erwartende Unsicherheit bei einer Kombination von zwei Maßen $12\sqrt{2} \approx \pm 17''$ beträgt.

Ein anderer Satz enthält 13 Maße (10″, 30″, 1′, 2′, 3′, 10′, 30′, 1°, 2°, 3°, 10°, 30° und 60°) und liefert Winkel von 0° bis 106° in Stufen von 10″[3].

Besondere Beachtung verdient der vom National Physical Laboratory Teddington angegebene 12teilige Satz, mit dem es möglich ist, Winkel zwischen 6″ und 81° in Stufen von 6″ zusammenzusetzen.

Er enthält die Maße   6″,   18″,   30″

                      1′,   3′,   9′,   27′

                      1°,   3°,   9°,   27°,   41°

Mit Hilfe von drei Zusatzmaßen (3″, 9″ und 27″) lassen sich Winkel in Stufen von 3″ darstellen.

Die Fehler dieser Winkelmaße, deren Meßflächen 16×90 mm² groß sind, werden mit $\pm 0{,}5''$, die Unebenheit der Meßflächen mit $\pm 0{,}25\ \mu$m angegeben.

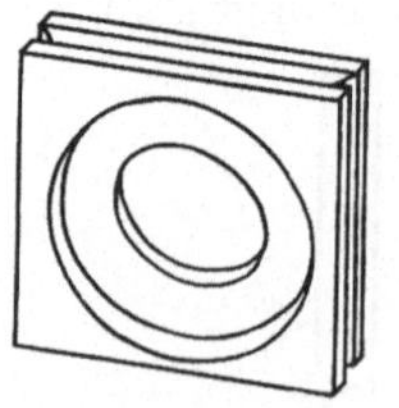

Durch ein Rechteck mit vier 90°-Winkeln in der in Abb. 11 gezeigten Form ist die Zusammenstellung von Winkeln bis 360° in Stufen von 3″ möglich. Auf Teilköpfe aufgesetzt, kann dieses Rechteck, an das weitere Winkelendmaße angeschoben werden können, unter Benutzung von Autokollimationsfernrohren oder Libellen zur Einstellung von Winkeln benutzt werden (s. Abschn. 4.12).

Abb. 11
Zusatzwinkelstück mit
4 rechten Winkeln

Für die Werkstatt bestimmt sind die Universalwinkelendmaße der Taft-Peirce Mgf.Co. Dieser Satz enthält folgende zehn Winkelmaße, mit denen Winkel von 0° bis 360° in Stu-

---

[1] Siehe auch H. Trumpold: Kritische Betrachtungen über die Messung, Herstellung und Anwendung von Winkelendmaßen. Habilitationsschrift TU Dresden 1964.

[2] Hersteller: Fa. Johansson, Schweden.

[3] Hersteller: Abawerk, Aschaffenburg.

fen von 5′ herzustellen sind. Der größte Fehler jedes Maßes wird mit $\pm 1′$ angegeben.

3 Gradmaße (Dreieck)			4 Gradmaße (Viereck)				3 Minutenmaße (Viereck)			
30°	60°	90°	83°	84°	96°	97°	90° 5′	90°10′	89°50′	89°55′
45°	45°	90°	85°	86°	94°	95°	90°15′	90°20′	89°40′	89°45′
15°	75°	90°	87°	88°	92°	93°	90°25′	90°30′	89°30′	89°35′
			89°	90°	91°	90°				

Die Zusammenstellung eines Winkels von 36° ist in Abb. 12 gezeigt.

Bei Winkelendmaßkombinationen ist sorgfältig darauf zu achten, daß die Scheitelkanten der Winkel parallel zueinander verlaufen. Ist dies nicht der Fall, so steht eine Senkrechte zur Scheitelkante des Prismas α_1 nicht auch senkrecht zu der des Prismas α_2; ist sie um den Winkel φ dagegen geneigt, so entsteht ein Pyramidalfehler $\Delta\alpha$, der sich nach Abb. 13 aus folgender Beziehung ergibt:

$$\tan(\alpha_2 + \Delta\alpha_2) = \tan\alpha_2 \cdot \cos\varphi$$

$$\frac{\tan\alpha_2 + \Delta\alpha_2}{1 - \Delta\alpha_2 \cdot \tan\alpha_2} \approx \tan\alpha_2\left(1 - \frac{\varphi^2}{2}\right)$$

$$\tan\alpha_2 + \Delta\alpha_2 \approx \tan\alpha_2 - \Delta\alpha_2 \cdot \tan^2\alpha_2 - \tan\alpha_2 \cdot \frac{\varphi^2}{2}$$

$$\Delta\alpha_2 \approx -\frac{1}{2}\frac{\tan\alpha_2 \cdot \varphi^2}{(1 + \tan^2\alpha_2)} \approx -\frac{\varphi^2}{2}\sin\alpha_2 \cdot \cos\alpha_2$$

$$\Delta\alpha_2 \approx -\frac{\varphi^2}{4}\sin 2\alpha_2. \qquad (8)$$

Bei $\alpha_2 = 45°$ wird $\Delta\alpha_2 \approx -\dfrac{\varphi^2}{4}$ (Größtwert).

Für $\varphi = 10′$ wird $\Delta\alpha_2 \approx -0{,}4''$,

für $\varphi = 30′$ wird $\Delta\alpha_2 \approx -3{,}9''$,

für $\varphi = \ 3°$ wird $\Delta\alpha_2 \approx -2′21''$.

Kommt es bei dem eingestellten Winkel auf möglichst geringe Unsicherheit an und werden z. B. Endmaße mit Stufungen bis zu einer Sekunde verwendet, so muß φ unbedingt kleiner als 5′ werden. Man kann dies bei guten Winkelmaßen erreichen, indem man diese auf einer ebenen Platte aneinander schiebt, vorausgesetzt, daß die Stirnflächen der beiden Prismen senkrecht zu den Scheitelkanten stehen.

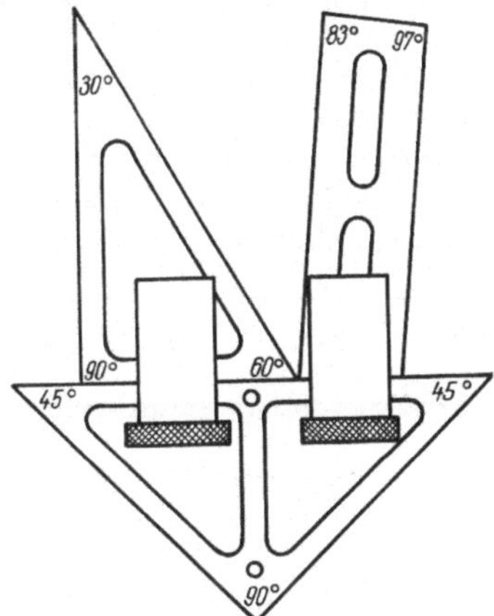

Abb. 12. Universalwinkelendmaße

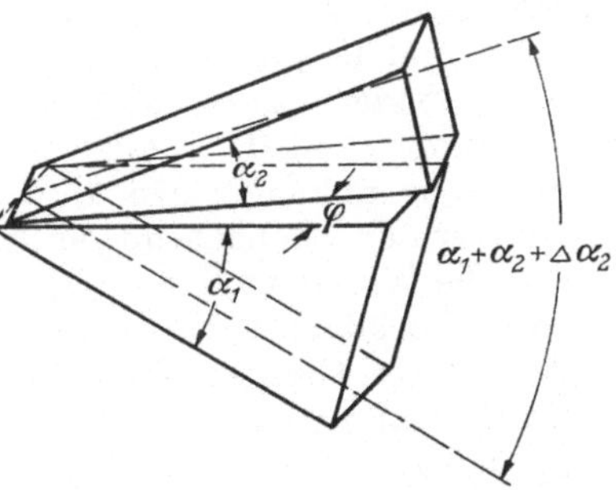

Abb. 13. Pyramidalfehler

3.132 Feste Winkelmaßverkörperungen.

3.132.1 Rechte Stahlwinkel. Zur Prüfung der senkrechten Lage zweier Teile zueinander wird in der Praxis der Stahlwinkel von 90° gebraucht. Man soll möglichst darauf sehen, daß er aus einem Stück besteht (Abb. 14a), da bei der Ausführung mit angesetztem dünnem Schenkel (Abb. 14b) immer die Gefahr vorliegt, daß dieser sich lockert. Ob man beiden Schenkeln rechteckigen Querschnitt (Abb. 14a) oder dem einen T-Form (Abb. 14c, Anschlagwinkel) oder dreieckigen

Querschnitt (Haarwinkel) gibt, richtet sich nach dem Verwendungszweck. Daß das Rechteck der geringeren Durchbiegung wegen hochkant stehen muß, ist wohl selbstverständlich.

Nach DIN 875 (Oktober 1931) ist die Bearbeitung der Meßflächen durch Schaben nicht zulässig, da darunter die Ebenheit leidet. Noch mehr zu verwerfen ist es,

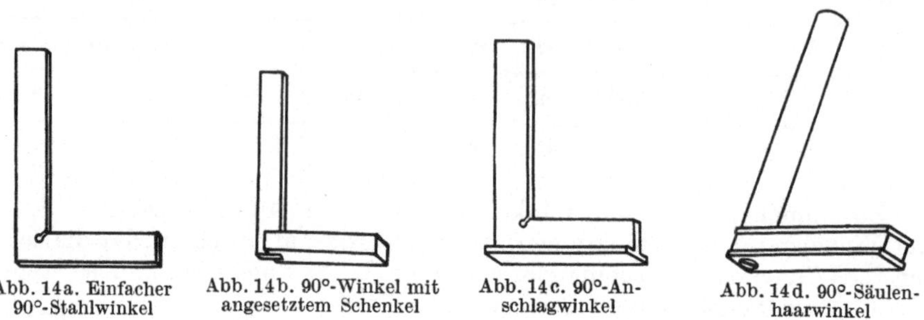

Abb. 14a. Einfacher 90°-Stahlwinkel   Abb. 14b. 90°-Winkel mit angesetztem Schenkel   Abb. 14c. 90°-Anschlagwinkel   Abb. 14d. 90°-Säulenhaarwinkel

die Meßflächen, nachdem sie auf höchste Güte hin gearbeitet waren, des schönen Aussehens wegen mit einem gleichmäßigen Schabemuster zu „verzieren". Auch dadurch wird die anfänglich vorhandene geringe Unebenheit erhöht. Die zulässigen Abweichungen der Außen- und Innenwinkel von 90° sind sehr klein. Sie betragen bei Schenkellängen L (in mm)

| | Haarwinkel | Normalwinkel | Werkstattwinkel | |
			I	II
	$\pm\left(2 + \dfrac{L}{100}\right) \mu\mathrm{m}$	$\left(5 + \dfrac{L}{50}\right) \mu\mathrm{m}$	$\left(10 + \dfrac{L}{20}\right) \mu\mathrm{m}$	$\left(20 + \dfrac{L}{10}\right) \mu\mathrm{m}$
für $L = 100$ mm	$\pm 3 \cdot 10^{-5}\,\mathrm{rad}$ $\pm 6{,}2''$	$7 \cdot 10^{-5}\,\mathrm{rad}$ $14{,}4''$	$15 \cdot 10^{-5}\,\mathrm{rad}$ $30{,}9''$	$30 \cdot 10^{-5}\,\mathrm{rad}$ $61{,}9''$

Die Feststellung der vorhandenen Abweichungen von dem Sollwert 90° wird in Abschn. 4.11 besprochen. Voraus sei nur bemerkt, daß die Prüfung bei der durch DIN 102 festgesetzten Bezugstemperatur von 20 °C erfolgen muß, da die Größe des 90°-Stahlwinkels (infolge nicht ausgeglichener innerer Spannungen) von der Temperatur abhängt; bei 40 °C wurden z. B. Änderungen von $+19$ bis $+31''$ gegenüber den Beobachtungen bei 20 °C festgestellt[1].

Da die Winkel zum Anreißen häufig auch unter Benutzung der Seiten- oder der inneren Hochflächen verwendet werden, müssen diese zu den Hochflächen innerhalb gewisser Grenzen senkrecht stehen und die gegenüberliegenden Hoch- und Seitenflächen zueinander parallel sein. Aus den hierfür zulässigen Abweichungen folgt, daß am Außen- und Innenwinkel niemals entgegengesetzte maximale Winkelfehler auftreten können.

Eine weitere Voraussetzung für die Verwendbarkeit eines Stahlwinkels ist, daß er auch beim Auflegen auf eine kürzere Fläche dieselbe Lage beibehält wie bei vollständiger Auflage; dazu ist notwendig, daß seine Schenkel genügend eben sind. In der Praxis prüft man die Erfüllung dieser Bedingung häufig noch nach dem Anreibeverfahren gegen eine andere ebene Fläche (Lineal, Tuschierplatte); die Ergebnisse hängen aber stark vom Druck und der Geschicklichkeit des Ausführenden

---

[1] GÖPEL, F.: Z. Instrumentenkde. 48 (1928) S. 149.

ab. Wesentlich besser ist schon die Benutzung des Lichtspaltverfahrens, indem man auf den zu prüfenden Schenkel ein gut ebenes Haarlineal legt. Wenn man auch an gut polierten Flächen bei genügender Beleuchtung von hinten mit unbewaffnetem Auge noch Abweichungen von $\approx 1\,\mu$m zwischen den Flächen und Haarlineal feststellen vermag, so wird man sich doch bei der üblichen Bearbeitung der Stahlwinkel mit einer Unsicherheit von 3 bis 5 μm begnügen müssen. Unter Benutzung einer Lupe von der Vergrößerung V verringert sie sich auf $\approx 5/$V μm; diese Formel gilt aber höchstens bis V = 5.

Eine besondere Ausführungsform der 90°-Winkel ist der Säulenhaarwinkel nach Abb. 14d, dessen größte Abweichungen wie folgt angegeben werden:

Planparallelität des Schenkels: $\pm 1\,\mu$m
Mikrogeometrische Form der Säule: $\pm 1\,\mu$m
Für die Hochkantmeßflächen von rechten Winkeln im beliebigen Abstand vom Scheitelpunkt nach Drehung der Säule: $\pm 2\,\mu$m.

Neben den rechten Winkeln finden noch folgende feste Winkel Verwendung: Kreuzwinkel, Sechskantwinkel, Zentrierwinkel zum Zentrieren von Rundteilen, Zeichenwinkel, Stellwinkel und Nutenlineale zum Anreißen von Keilnuten an Wellen (Abb. 15).

3.132.2 Kegel. Zu den festen Winkeln kann man auch die Kegel rechnen, für die nach DIN 254 (Juli 1962) folgende Definitionen gelten (Abb. 16):

Kegel 1:x ist das Verhältnis des großen Durchmessers D am Kegel zu seiner Achslänge k, umgerechnet auf den Durchmesser $D = 1$. Für das Verhältnis 1:x ist außer dem Wort „Kegel" auch das Wort „Verjüngung" gebräuchlich.

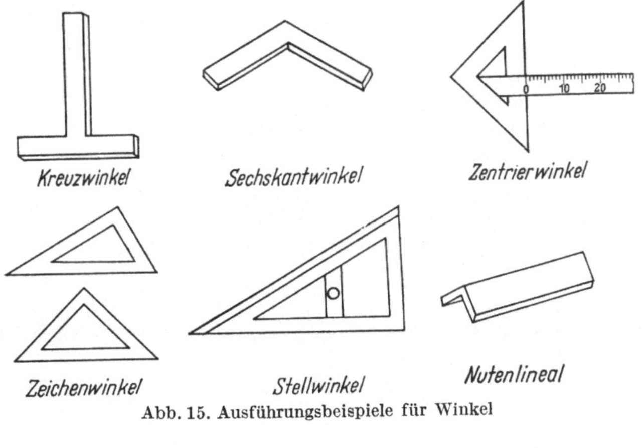

Abb. 15. Ausführungsbeispiele für Winkel

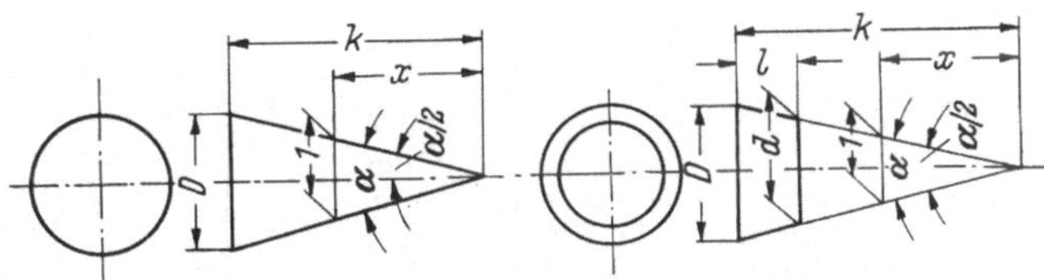

Abb. 16. Bestimmungsgrößen am Kegel

Kegelwinkel α ist der Winkel zwischen den Mantellinien des Kegels, gemessen im Achsschnitt.

Neigung 1:2x am Kegel ist die Neigung einer Mantellinie des Kegels gegen die Kegelachse.

Neigungswinkel $\alpha/2$ am Kegel ist der Winkel zwischen einer Mantellinie des Kegels und der Kegelachse. Er ist gleich dem halben Kegelwinkel und dient als Einstellwinkel an der Bearbeitungsmaschine.

Zwischen Kegel 1:x und Kegelwinkel α sowie zwischen Neigung 1:2x und Neigungswinkel $\alpha/2$ gelten die Beziehungen:

$$\text{Kegel } 1 : x = D : k = 2 \tan \frac{\alpha}{2}, \tag{9}$$

$$\text{Neigung } 1 : 2x = \frac{D}{2} : k = \tan \frac{\alpha}{2}. \tag{10}$$

16 3 Meßgeräte für Winkelmessungen

Für den meist vorliegenden Kegelstumpf gilt gemäß Abb. 16:

$$\left.\begin{aligned} \text{Kegel } 1 : x &= \frac{D - d}{l} \\ &= 2 \tan \frac{\alpha}{2}, \end{aligned}\right\} \quad (11)$$

$$\left.\begin{aligned} \text{Neigung } 1 : 2x &= \frac{D - d}{2l} \\ &= \tan \frac{\alpha}{2}, \end{aligned}\right\} \quad (12)$$

$$\begin{aligned} \text{Kegelwinkel } \alpha &= 2 \arctan \frac{1}{2x} \\ &= 2 \arctan \frac{D - d}{2l}. \end{aligned}$$

Die ersten Kegel zur Werkzeugbefestigung wurden 1860 von Brown und Sharpe an Fräsmaschinen eingeführt; sie hatten eine Verjüngung V von $^1/_2$ Zoll auf 1 Fuß, also $1 : x = 1 : 24$. Im Jahre 1862 folgte der Morsekegel, der (in bestimmten Größen) hauptsächlich bei Bohr- und Drehmaschinen verwendet wird, mit einer beabsichtigten Verjüngung von $^5/_8$ Zoll auf 1 Fuß, also $1 : x = 1 : 19,2$. Infolge der unvollkommenen Meß- und Herstellungstechnik jener Zeit schwankte aber $1 : x$ von $0,600^{||}$ bis $0,630^{||}$ (statt $0,625^{||}$) auf $1^{|}$. Leider hat man dies später nicht wieder richtiggestellt, sondern die einmal versehentlich gefertigten Größen beibehalten. Für größere Werkzeuge wurde 1889 von O. J. BEALE der Jarno-Kegel mit einer Verjüngung von $0,05^{||}$ auf $1^{||}$, also $1 : x = 1 : 20$, angegeben. In Deutschland werden für Werkzeuge fast ausschließlich der Morsekegel und der 1900 vom Verein Deutscher Ingenieure und dem Verein Deutscher Werkzeugmaschinenfabriken (auf Grund eines Antrages des Chemnitzer Bezirksvereines 1898) beschlossene metrische Kegel mit $1 : x = 1 : 20$ und $\alpha = 2°51'52''$ benutzt (DIN 228, Blatt 1 vom Januar 1959). Die sonstigen vorkommenden Kegel erstrecken sich nach DIN 254 (Juli 1962) von $1 : x = 1 : 0,066$ (165°) bis $1 : x = 1 : 100$ (34'22''). Die genormten Morsekegel (DIN 228, Blatt 1) sind aus den Angaben für Markendurchmesser und Länge in dem Katalog der Morse-Twist-Drill-Comp. von 1915 berechnet, sie weichen indessen von den Angaben der Firma für $1 : x$ bis zu $2/100$ mm auf 100 mm ab.

Die Werte der am häufigsten gebrauchten Kegel sind in Tabelle 6 zusammengestellt.

Tabelle 6. *Werte für häufig vorkommende Kegel* (Auszug aus DIN 254)

| Kegel 1:x | Gebrauchswerte | | | Genauwerte für Kegel 1:x bzw. Kegelwinkel | | Bemerkungen und Anwendungsbeispiele | Werkzeuge und Lehren zur Herstellung der Kegel |
	Kegelwinkel α	Einstellwinkel an der Bearbeitungsmaschine = Neigungswinkel $\alpha/2$	Einstellwert für $\alpha/2$ und ein 100 mm langes Sinuslineal mm	Ausgangswert	Aus dem Ausgangswert errechneter Wert		
1:0,289	120°	60°	86,603	120°	1:0,2886751	Schutzsenkung für Zentrierbohrungen, rohe Senkschrauben mit Vierkantansatz	Kegelsenker DIN 347, Zentrierbohrer DIN 320
1:0,5	90°	45°	70,711	90°	1:0,5000000	Ventilkegel, Bunde an Kolbenstangen, Körnerspitzen an der Spitze; Senkschrauben, Senkholzschrauben, Rohe Senkschrauben mit Nase oder Vierkantansatz, Verschlußschrauben, Verschlußmuttern für Rohrleitungen, Senkniete	Kegelsenker DIN 335, Krausköpfe DIN 6446
1:0,596	80°	40°	64,279	80°	1:0,5958768	Blechschrauben	

Tabelle 6 (Fortsetzung)

Kegel 1 : x	Kegelwinkel α	Gebrauchswerte		Genauwerte für Kegel 1 : x bzw. Kegelwinkel		Bemerkungen und Anwendungsbeispiele	Werkzeuge und Lehren zur Herstellung der Kegel
		Einstellwinkel an der Bearbeitungsmaschine = Neigungswinkel $\alpha/2$	Einstellwert für $\alpha/2$ und ein 100 mm langes Sinuslineal mm	Ausgangswert	Aus dem Ausgangswert errechneter Wert		
1:0,866	60°	30°	50,000	60°	1:0,866 025 3	Dichtkegel für leichte Rohrverschraubungen, V-Nuten, Zentrierbohrungen, Körnerspitzen an der Spitze; Senkschrauben, Senkniete, Linsensenkniete	Kegelsenker DIN 334 Zentrierbohrer DIN 320 DIN 333 Senker für Senkniete DIN 1863
1:1,207	45°	22°30′	38,268	45°	1:1,207 106 9	Senkniete, Linsensenkniete	
1:1,374	40°	20°	34,202	40°	1:1,373 738 6	Spannzangen	
1:1,866	30°	15°	25,882	30°	1:1,866 025 3	Rohe Kegelsenkschrauben, Zentrierkegel an Messerträgern für Holzbearbeitungsmaschinen	Senker DIN 348
1:3,429	16°35′40″	8°17′50″	14,431	3,5:12	16°35′39,4310″ 16,594 286 40°	Steilkegel (s. auch DIN 229 Aug. 1959), Frässpindelköpfe nach DIN 2079 und Fräswerkzeuge nach DIN 2080	
1:5	11°25′16″	5°42′38″	9,950	1:5	11°25′16,2700″ 11,421 186 12°	Leicht abnehmbare Maschinenteile bei Beanspruchung quer zur Achse und auf Verdrehung; Spurzapfen; Reibungskupplungen, Bohrung von Keilriemenscheiben, Schleifscheibenbefestigungen, Absperrkegel für Ventile im Schiffbau, Kegeldichtungen zu Tankanlagen, Schlauchanschlußteile für Druckluftwerkzeuge, Glaskegelschliffe	Lehre DIN 73035 Bl. 2
1:10	5°43′30″	2°51′45″	4,994	1:10	5°43′29,3173″ 5,724 810 36°	Maschinenteile bei Beanspruchung quer zur Achse auf Verdrehung und längs der Achse, kegelige Wellenenden, nachstellbare Lagerbuchsen, Gesenkfräser, Nietlochreibahlen, Tüllen und Augen an landwirtschaftlichen Handgeräten, Glaskegelschliffe, Injektionsgeräte	

Tabelle 6 (Fortsetzung)

Kegel 1:x	Kegelwinkel α	Gebrauchswerte		Genauwerte für Kegel 1:x bzw. Kegelwinkel		Bemerkungen und Anwendungsbeispiele	Werkzeuge und Lehren zur Herstellung der Kegel
		Einstellwinkel an der Bearbeitungsmaschine = Neigungswinkel $\alpha/2$	Einstellwert für $\alpha/2$ und ein 100 mm langes Sinuslineal mm	Ausgangswert	Aus dem Ausgangswert errechneter Wert		
1:20	2°51′52″	1°25′56″	2,499	1:20	2°51′51,0913″ 2,864 192 04°	Metrischer Kegel, Werkzeugkegel nach DIN 228, Werkzeugschäfte und Aufnahmekegel der Werkzeugmaschinenspindeln; metrisches kegeliges Feingewinde für Lötgeräte, Tüllen an Landwirtschaftlichen Handgeräten	Reibahlen DIN 205, DIN 1896 Lehren DIN 234 DIN 235 DIN 325 DIN 2221 DIN 2222
1:19,212	2°58′54″	1°29′27″	2,602	1:19,212	2°58′53,8258″ 2,981 618 28°	Morsekegel 0	Reibahlen DIN 204 DIN 1895 Lehren DIN 229 DIN 230 DIN 324 DIN 2221 DIN 2222
1:20,047	2°51′26″	1°25′43″	2,493	1:20,047	2°51′26,9378″ 2,857 482 72°	Morsekegel 1	
1:20,020	2°51′40″	1°25′50″	2,497	1:20,020	2°51′40,7946″ 2,861 331 84°	Morsekegel 2	
1:19,922	2°52′32″	1°26′16″	2,509	1:19,922	2°52′31,4449″ 2,875 401 36°	Morsekegel 3 Werkzeugkegel nach DIN 228 Werkzeugschäfte und Aufnahmekegel der Werkzeugmaschinenspindeln	
1:19,254	2°58′30″	1°29′15″	2,596	1:19,254	2°58′30,4200″ 2,975 116 68°	Morsekegel 4	
1:19,002	3° 0′52″	1°30′26″	2,630	1:19,002	3° 0′52,3943″ 3,014 553 96°	Morsekegel 5	
1:19,180	2°59′12″	1°29′36″	2,606	1:19,180	2°59′11,7249″ 2,986 590 24°	Morsekegel 6	
1:30	1°54′34″	57′17″	1,666	1:30	1°54′34,8562″ 1,909 682 28°	Bohrungen der Aufsteckreibahlen und Aufstecksenker	
1:50	1° 8′46″	34′23″	1,000	1:50	1° 8′45,1586″ 1,145 877 39°	Kegelstifte, Bohrungen von Spulen für Spulmaschinen, kegeliges Rohrgewinde	Stiftlochbohrer DIN 1898 Reibahlen DIN 9

3.133 Einstellbare Winkelmaßverkörperungen. Unter Benutzung von Endmaßen und Meßscheiben lassen sich Winkel einstellen, deren Richtigkeit der der festen Winkelendmaße gleichkommt.

Als einstellbare Winkelendmaße finden vor allem das Sinus- und das Tangenslineal Verwendung. Bei beiden erhält man die Winkel durch zwei Seiten eines rechtwinkligen Dreiecks, deren Längen sehr genau bestimmt werden können. Der Winkel selbst ergibt sich durch trigonometrische Rechnung, beim Sinuslineal aus

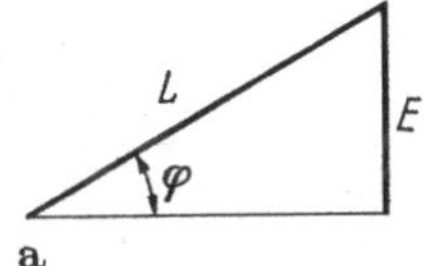

$$\sin\varphi = \frac{E}{L} \quad \text{(Abb. 17a)}, \tag{13}$$

beim Tangenslineal aus

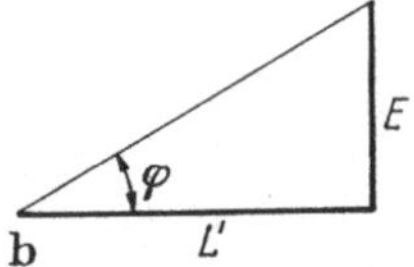

$$\tan\varphi = \frac{E}{L'} \quad \text{(Abb. 17b)}. \tag{14}$$

Abb. 17a u. b. Einstellgrößen beim a) Sinuslineal, b) Tangenslineal

Sind E, L und L' mit systematischen Fehlern behaftet, so wird der beherrschbare Fehler des eingestellten Winkels beim Sinuslineal

$$\Delta\varphi = \left(\frac{\Delta E}{E} - \frac{\Delta L}{L}\right)\tan\varphi, \tag{15}$$

beim Tangenslineal

$$\Delta\varphi = \left(\frac{\Delta E}{E} - \frac{\Delta L'}{L'}\right)\cdot\sin\varphi\cdot\cos\varphi = \left(\frac{\Delta E}{E} - \frac{\Delta L'}{L'}\right)\frac{1}{2}\sin 2\varphi. \tag{16}$$

Ein Vergleich zeigt, daß bei gleichgroßen Klammerausdrücken der Fehler des Sinuslineals größer ist als beim Tangenslineal, da $\tan\varphi > \frac{1}{2}\sin 2\varphi$. Bei kleinen Winkeln (bis $\approx 10°$) sind die Fehler praktisch gleich groß.

3.133.1 Tangenslineal. Das Tangenslineal mit Parallelendmaßen beruht darauf, daß man die beiden Katheten eines rechtwinkligen Dreiecks ermittelt bzw. ihnen solche Werte gibt, daß die Hypotenuse mit einer von ihnen den gewünschten Winkel bildet. Der einfachste Fall ergibt sich, wenn man zwei Parallelendmaße der Längen e und E (Abb. 18) auf eine ebene Platte in einem Abstand L stellt, der evtl. durch ein drittes (langgelegtes) Endmaß eingestellt wird. Es gilt dann

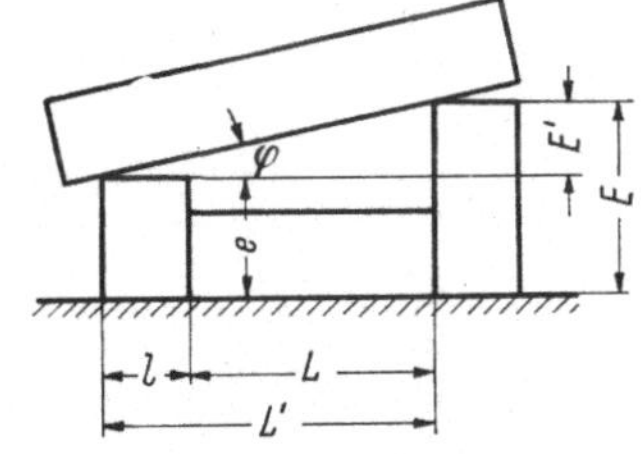

Abb. 18. Aufbau eines Tangenslineals mit Endmaßen

$$\tan\varphi = \frac{E - e}{L + l} = \frac{E'}{L'}. \tag{17}$$

Wählt man $L' = 100$ mm, so liegt für verschiedene Winkel der entsprechende Wert E' fest.

In Tabelle 7 sind für $\delta L' = \pm 5\,\mu$m und $\delta E' = \pm 1,5\,\mu$m die Unsicherheiten $\delta\varphi$ für verschiedene Winkel φ angegeben.

Man sieht daraus, daß bei kleinem Winkel $\delta E'$, bei größerem dagegen $\delta L'$ möglichst klein sein muß. Die Unsicherheit scheint außerordentlich klein.

2*

Tabelle 7
Fehler bei Benutzung von Tangens- oder Sinuslineal und Parallelendmaßen für den Abstand L' oder $L = 100$ mm

φ	Tangenslineal				Sinuslineal			
	$\dfrac{\delta E'}{E'}$	$\dfrac{\delta L'}{L'}$	$\delta\varphi$ rad	$\delta\varphi''$	$\dfrac{\delta E}{E}$	$\dfrac{\delta L}{L}$	$\delta\varphi$ rad	$\delta\varphi''$
$2°$	$429{,}6\cdot10^{-6}$		$\pm15{,}1\cdot10^{-6}$	$\pm3{,}1$	$429{,}8\cdot10^{-6}$		$15{,}1\cdot10^{-6}$	$\pm\ 3{,}1$
$5°$	$171{,}4\cdot10^{-6}$		$\pm15{,}5\cdot10^{-6}$	$\pm3{,}2$	$172{,}1\cdot10^{-6}$		$15{,}7\cdot10^{-6}$	$\pm\ 3{,}2$
$10°$	$85{,}1\cdot10^{-6}$	$50\cdot10^{-6}$	$\pm16{,}9\cdot10^{-6}$	$\pm3{,}5$	$86{,}4\cdot10^{-6}$	$50\cdot10^{-6}$	$17{,}6\cdot10^{-6}$	$\pm\ 3{,}6$
$20°$	$41{,}2\cdot10^{-6}$		$\pm20{,}8\cdot10^{-6}$	$\pm4{,}3$	$43{,}9\cdot10^{-6}$		$24{,}2\cdot10^{-6}$	$\pm\ 5{,}0$
$45°$	$15{,}0\cdot10^{-6}$		$\pm26{,}1\cdot10^{-6}$	$\pm5{,}4$	$21{,}2\cdot10^{-6}$		$54{,}3\cdot10^{-6}$	$\pm11{,}2$
$60°$	$8{,}7\cdot10^{-6}$		$\pm22{,}0\cdot10^{-6}$	$\pm4{,}5$	$17{,}3\cdot10^{-6}$		$91{,}6\cdot10^{-6}$	$\pm18{,}9$

Es ist aber zu beachten, daß wegen des unvermeidlichen Randabfalls der Endmaße das obere Lineal nicht an den scharfen Kanten aufliegt. Der Einfluß würde nicht wirksam, wenn die Abrundung an beiden Endmaßen denselben Wert hätte. Der ungünstigste Fall wird eintreten, wenn die Abrundung nur an dem einen Endmaß vorhanden ist, das andere dagegen eine scharfe Kante besitzt (Abb. 19). Das Lineal schneidet dann die verlängert gedachte Seitenfläche des Endmaßes in einem Punkt E, der um die Strecke $DE = x$ tiefer liegt, als wenn das Lineal in dem Schnittpunkt D der nicht abgerundeten Kante anläge.

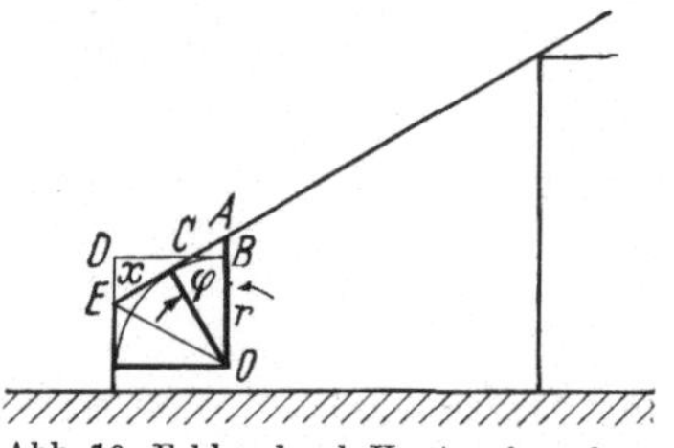
Abb. 19. Fehler durch Kantenabrundung bei Ausführung nach Abb. 18

Es ist

$$x = CD\cdot\tan\varphi = (r - CB)\cdot\tan\varphi$$

$$= (r - AB\cdot\cot\varphi)\tan\varphi$$

$$= r\cdot\left(\tan\varphi - \frac{1}{\cos\varphi} + 1\right)$$

$$= \frac{r\cdot(\sin\varphi + \cos\varphi - 1)}{\cos\varphi}$$

$$= \frac{2r\cdot\sin\dfrac{\varphi}{2}\left(\cos\dfrac{\varphi}{2} - \sin\dfrac{\varphi}{2}\right)}{\cos^2\dfrac{\varphi}{2} - \sin^2\dfrac{\varphi}{2}}$$

$$= \frac{2r\sin\dfrac{\varphi}{2}}{\sin\dfrac{\varphi}{2} + \cos\dfrac{\varphi}{2}}\ \text{in mm} = \frac{2000\,r\cdot\sin\dfrac{\varphi}{2}}{\sin\dfrac{\varphi}{2} + \cos\dfrac{\varphi}{2}}\ \text{in } \mu\text{m}, \tag{18}$$

wobei r in mm einzusetzen ist.

Tabelle 8
Fehler des Tangenslineals unter Berücksichtigung der Kantenabrundung ($L' = 100$ mm, $r = 1$ mm)

φ	$x = +\varDelta E'$ mm	$\dfrac{E'}{\text{mm}}$	$\dfrac{1}{2}\sin2\varphi$	$\varDelta\varphi$ rad	$\varDelta\varphi$
$2°$	$34{,}4\cdot10^{-3}$	$3{,}492$	$0{,}035$	$3{,}448\cdot10^{-4}$	$1'11''$
$5°$	$83{,}6\cdot10^{-3}$	$8{,}749$	$0{,}087$	$8{,}317\cdot10^{-4}$	$2'52''$
$10°$	$161{,}0\cdot10^{-3}$	$17{,}633$	$0{,}171$	$15{,}611\cdot10^{-4}$	$5'22''$
$20°$	$299{,}9\cdot10^{-3}$	$36{,}397$	$0{,}321$	$26{,}447\cdot10^{-4}$	$9'\ 6''$
$45°$	$585{,}8\cdot10^{-3}$	$100{,}000$	$0{,}500$	$29{,}290\cdot10^{-4}$	$10'\ 4''$
$60°$	$732{,}1\cdot10^{-3}$	$173{,}205$	$0{,}433$	$18{,}303\cdot10^{-4}$	$6'18''$

In Tabelle 8 sind für einige Werte von φ die zugehörigen Werte von $\Delta\varphi$ angegeben, und zwar unter der Annahme eines Abrundungshalbmessers von $r = 1$ mm.

Läßt man einen Fehler bis 3′ zu, so kann man diese Methode also nur bis zu Winkeln von 5° anwenden.

Die angeführten Mängel sind bei der in Abb. 20 wiedergegebenen Vorrichtung[1] vermieden, bei der man das Lineal auf die beiden Zapfen a und b von gleichem Durchmesser auflegt, von denen a fest, b in der Höhe verstellbar ist. In seiner untersten Stellung, in der ein aufgelegtes Lineal genau parallel zur Grundlinie sein muß, mögen die beiden Zapfenmitten den Abstand L haben; hebt man b nun um das Stück E, so wird

$$\tan\varphi = \frac{E}{L}.$$

Die Formel gilt streng, obwohl die Berührung nicht in der oberen Erzeugenden der Zylinder erfolgt. Es müssen nur beide Zapfen gleichen Durchmesser besitzen.

Bei einer guten Teilung und $^1/_{50}$ Nonius muß man den Fehler δE mindestens zu $\pm 20\,\mu$m ansetzen, während man für δL mit etwa $\pm 10\,\mu$m (bei guter Führung) auskommen wird. Die Meßunsicherheit beträgt damit

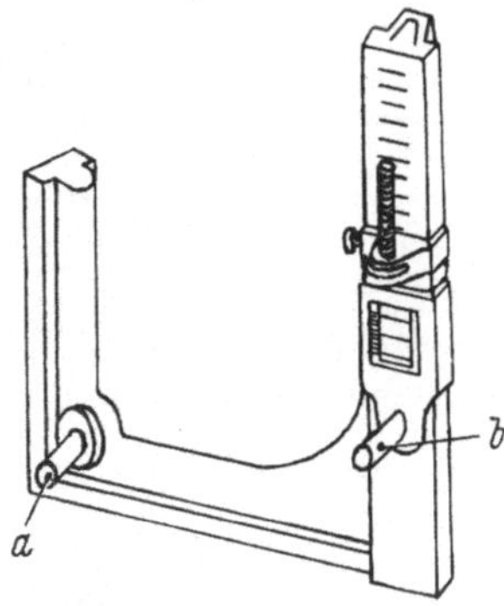

Abb. 20. Praktische Ausführung eines Tangenslineals

bei $L = 100$ mm bis zu $\pm 23''$ (bei $\varphi = 45°$). Dabei ist noch vorausgesetzt, daß die Verbindungsebene der Zapfenachsen in der Nullstellung parallel zur Grundfläche ist, daß beide Zapfen gleichen Durchmesser haben und daß ferner der die Teilung tragende Schenkel senkrecht steht. Alle unvermeidlichen Abweichungen hiervon vergrößern aber den Fehler beträchtlich, so daß man dafür das Doppelte bis Dreifache der angegebenen Zahlen wird ansetzen müssen. Verschiebt man den beweglichen Zapfen mit einer Meßschraube, deren Fehler bekannt sind, so lassen sich die Fehler in der Winkeleinstellung ohne weiteres bis auf die in Tabelle 7 angegebenen verringern. Derartig gebaute Tangenslineale mit Längen von 500 mm werden häufig zur Prüfung empfindlicher Libellen benutzt.

In dem vor allem als Gerät zur Kontrolle von Winkeln gedachten Gemo-Winkel (Abb. 21) wird das Tangenslineal zur Einstellung von Winkeln benutzt. Diese kann hier durch Endmaße oder durch eine Meßschraube erfolgen. Wegen der geringen Länge können die Fehler des Gerätes bis zu $\pm 1'$ betragen. Ein Tangenslineal kann man auch leicht mit Endmaßen und Meßscheiben verwirklichen (Abb. 22). Der eingestellte Winkel ergibt sich dabei aus

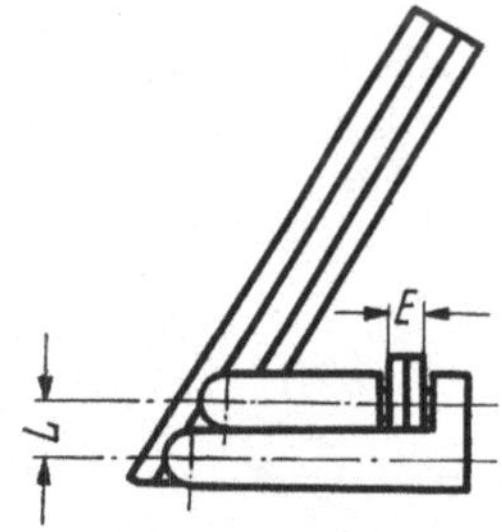

Abb. 21. Gemo-Winkel

$$\tan\frac{\alpha}{2} = \frac{\frac{1}{2}(D-d)}{\frac{1}{2}(D+d)+L} = \frac{D-d}{D+d+2L}.$$

3.133.2 Sinuslineal. Vielseitiger in der Anwendbarkeit ist das Sinuslineal. Es entsteht aus dem Tangenslineal, wenn man die Zapfen in das Lineal verlegt (Abb. 23) Auch hier müssen beide Zapfen parallel zueinander sein, gleiche Durchmesser haben und die Verbindungsebene ihrer Achsen parallel zur Linealfläche liegen.

Beim Sinuslineal ergibt sich nach Abb. 23 der Winkel φ aus

$$\sin\varphi = \frac{E-e}{L} = \frac{E'}{L}. \tag{19}$$

---

[1] Z. Maschinenbau 1920, S. 98.

In Tabelle 7 sind für $\delta L = \pm 5\,\mu$m und $\delta E' = \pm 1,5\,\mu$m die Unsicherheiten $\delta\varphi$ für verschiedene Winkel φ bei $L = 100$ mm den Unsicherheiten des Tangenslineals gegenübergestellt. Daraus geht hervor, daß bei Winkeln über 20° die Unsicherheit im Vergleich zum Tangenslineal wesentlich größer ist.

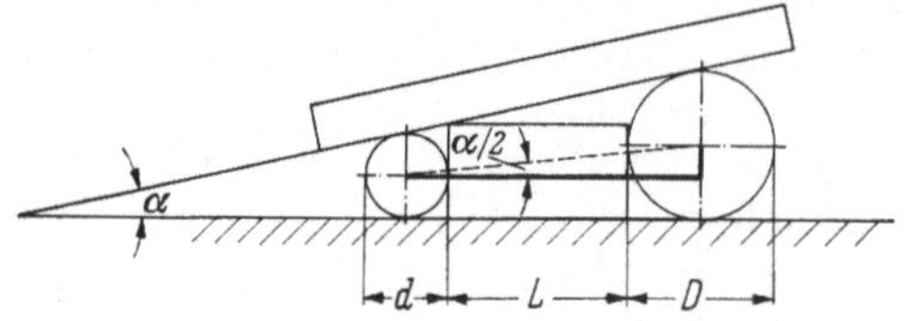

Abb. 22. Tangenslineal mit Meßscheiben

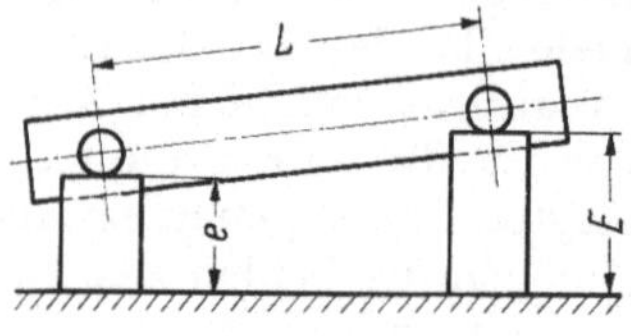

Abb. 23. Sinuslineal

Einige praktische Ausführungsformen sind in Abb. 24a—d gezeigt. Die Löcher sind zur Erleichterung des Aufspannens gegen eine Winkelaufspannplatte angebracht. Diese Art des Sinuslineals wird oft im Lehrenbau verwendet. Auf dem Prinzip des Sinuslineals beruht der Sinuswinkelmesser vom

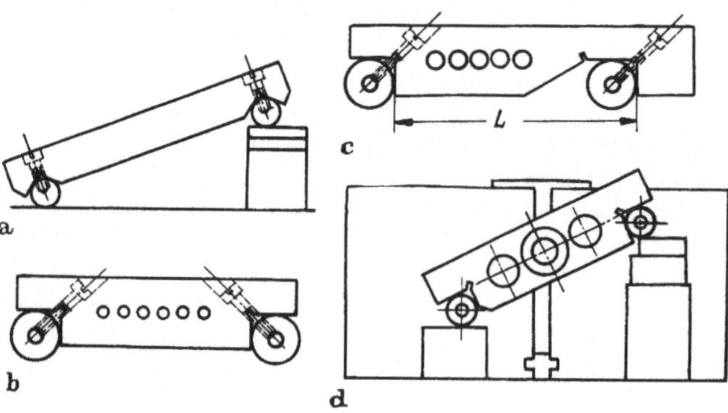

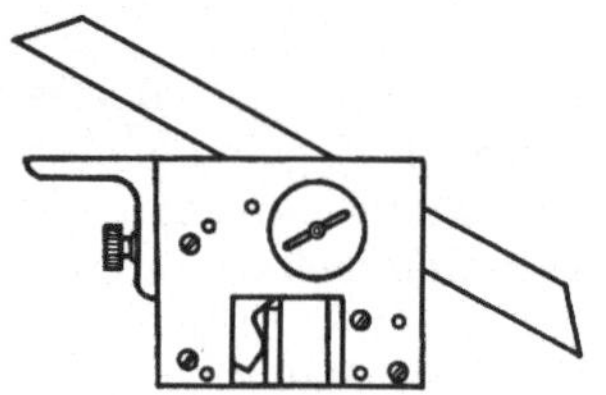

Abb. 24a—d. Praktische Ausführung von Sinuslinealen

Abb. 25. Sinuswinkelmesser
(VEB Feinmeß Suhl)

VEB Feinmeß Suhl, bei dem Winkel von 0° bis 180° durch Endmaße eingestellt werden können (Abb. 25).

Zur Fertigung von Teilen in genauer Winkelebene auf Werkzeugmaschinen eignet sich besonders die Sinusaufspannplatte von Johansson, deren Prinzip aus Abb. 26 ersichtlich ist. Die Konstruktion ist so ausgeführt, daß bei einem untergelegten Endmaß von 5 mm der eingestellte Winkel 45° betragen soll. Für einen beliebigen Winkel benötigt man die Endmaßkombination:

$$E_\varphi = E_0 - L \cdot \sin\varphi. \qquad (20)$$

Da bei $L = 100$ mm und $E_{45} = 5$ mm $E_0 = 75{,}711$ mm ist, wird

$$E_\varphi = 75{,}711 - 100 \cdot \sin\varphi.$$

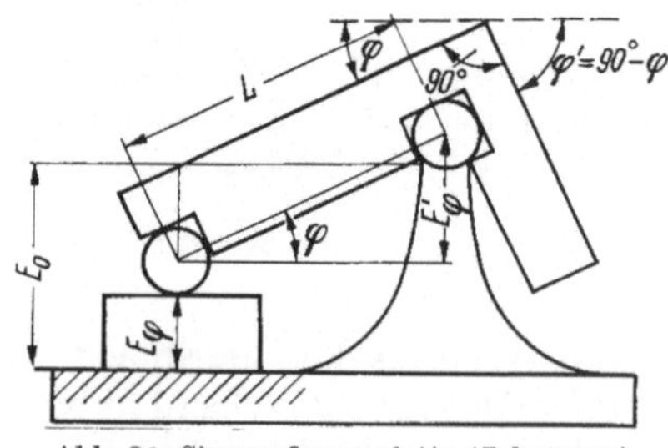

Abb. 26. Sinusaufspannplatte (Johansson)

Winkel zwischen 0 und 45° werden auf der größeren, die Komplementwinkel von $\varphi' = 90°$ bis $\varphi' = 45°$ auf der kleineren der senkrecht zueinander hergestellten Aufspannflächen eingestellt.

Auch an Rundschleifmaschinen erfolgt die Einstellung von Neigungswinkeln bei der Fertigung von Kegeln häufig unter Anwendung des Sinuslinealprinzips.

3.2 Anzeigende Winkelmeßgeräte und -meßeinrichtungen

3.21 Universalwinkelmesser

Die einfachsten Winkelmeßgeräte sind die Anlegegoniometer nach Abb. 27.

Sie bestehen aus einem Transporteur, an dem ein drehbarer Schenkel angebracht ist, dessen Index in der Verlängerung durch den Mittelpunkt gehen muß. Eine Ausführung, in der beide Schenkel in einer Ebene liegen, zeigt Abb. 28. Bei diesem Gerät ist ein fester Schenkel bis zum Mittelpunkt durchgeführt, so daß damit auch kleine Stücke gemessen werden können.

Praktische Anwendung findet das Anlegegoniometer in den verschiedenen Geräten zur Messung der

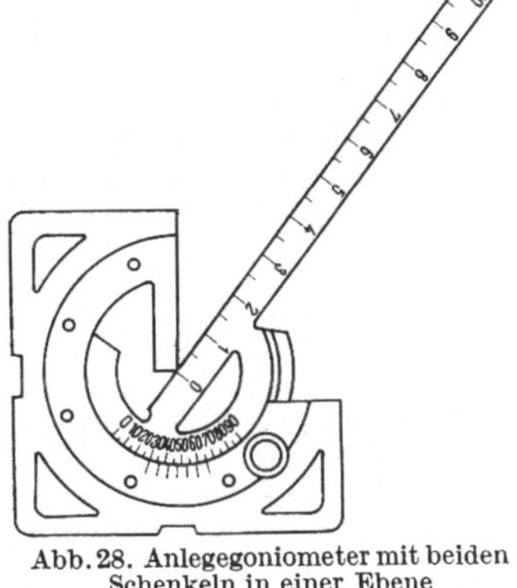

Abb. 28. Anlegegoniometer mit beiden Schenkeln in einer Ebene

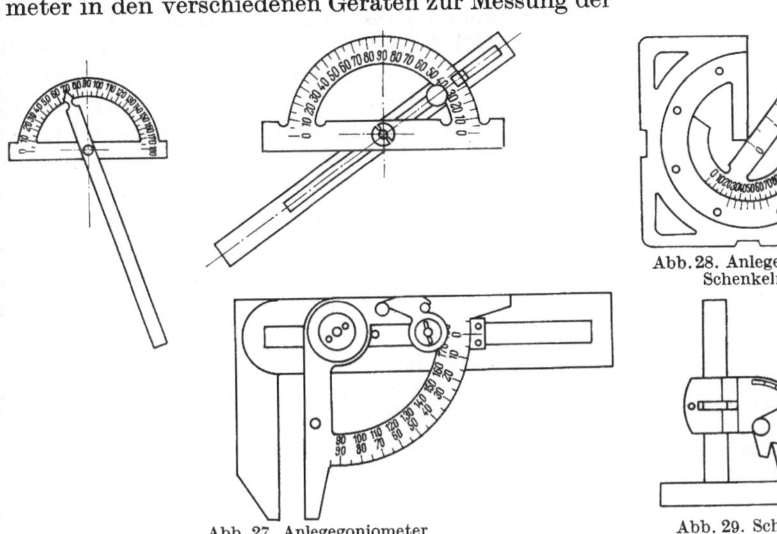

Abb. 27. Anlegegoniometer

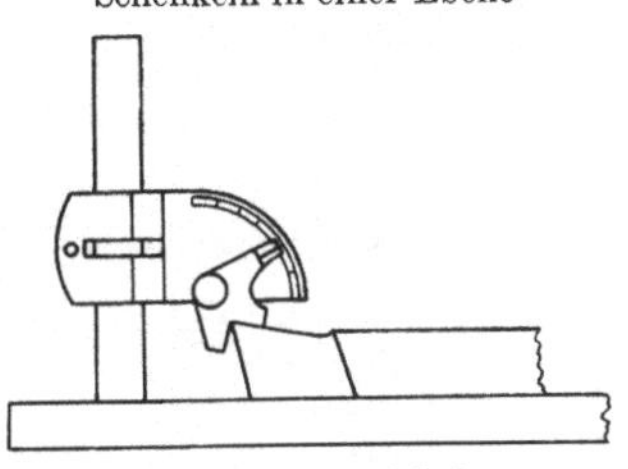

Abb. 29. Schneidenwinkelmesser (nach E. Simon)

Winkel an Drehmeißeln und Fräsern. Bei dem von E. Simon angegebenen Schneidenwinkelmesser (Abb. 29) zur zahlenmäßigen Bestimmung der Winkel am Drehmeißel wird das zu untersuchende Werkzeug auf eine ebene Grundplatte gelegt, die eine Säule trägt, längs der der eigentliche Winkelmesser verschiebbar ist. Der bewegliche Schenkel besitzt zwei zueinander senkrechte Anlageflächen und einen dritten Arm mit der Ablesemarke, die auf 0 steht, wenn die beiden anderen Schenkel senkrecht bzw. parallel zur Auflagefläche liegen. Der gesuchte Winkel kann unmittelbar abgelesen werden, falls man den Teilkreis so weit senkt, daß seine untere Seite satt an dem Werkstück anliegt.

Das Gerät nach Abb. 30 gestattet außerdem das Messen des Neigungswinkels an Drehmeißeln und, nach Anbringung einer Zusatzvorrichtung, die Bestimmung der Winkel am Fräser. Zum Schutz gegen Verschleiß bestehen die Anschlagstollen aus gehärteten Linealen.

Für viele Zwecke, z. B. als Lineal, Anschlag-, Kreuz- und Gehrungswinkel ist der Winkelmesser nach Abb. 31 brauchbar. Bei ihm ist der feste Schenkel mit einer (einen oder zwei Nonien tragenden) Kreisscheibe fest verbunden. Um ihren Mittelpunkt ist der viermal von 0 bis 90° geteilte Teilkreis mit dem verschiebbaren Lineal drehbar, das in seiner Führungsnut durch Exzenter festgeklemmt wird, wobei seine Kante stets parallel zur Verbindungslinie der beiden Nullstriche der Hauptteilung ist; es läßt sich auch durch den festen Schenkel durchschlagen. Da nun, je nach Bedarf, die eine oder andere Fläche der beiden Schenkel zur Anlage gebracht wird, so müssen vor allem die beiden Flächen parallel sein. Für die zulässige Abweichung hiervon darf man etwa 15 μm/100 mm, also etwa 0,5′ zulassen.

In bezug auf die Geradlinigkeit der Meßkanten und ihre senkrechte Lage zu den Seitenflächen gilt das früher bei den festen Winkeln Gesagte. Der Nonius erlaubt meist, 5′ abzulesen. Damit diese Ablesemöglichkeit auch wirklich ausgenutzt wird, muß bei einem Durchmesser von 50 mm die Außermittigkeit unter 0,03 mm bleiben. Mit diesem Grenzwert würde sich ein größter Fehler von 2′ ergeben.

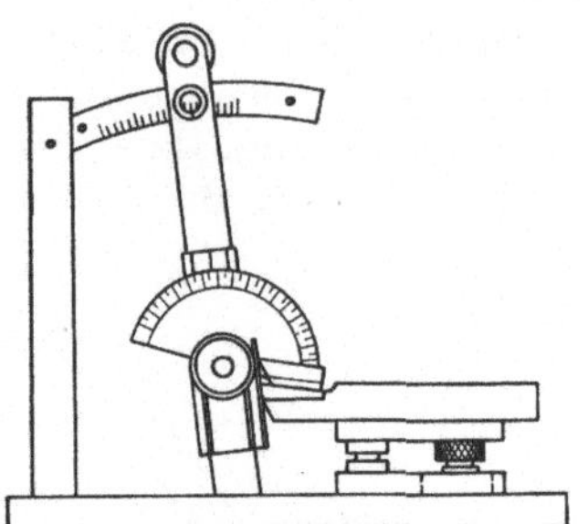

Abb. 30. Winkelmesser
(Elektro-Norm AG., Murten)

Vom VEB Feinmeß Suhl wurde der Winkelmesser so ausgeführt, daß der drehbare Schenkel mit einem Zahnsegment auf eine Zeigerübersetzung wirkt, so daß ein Skw von 5′ an der Kreisskale (120 Skt) erreicht ist. Die Meßunsicherheit beträgt auch hier $\pm$ 2′. Zur Messung kleiner Werkstücke ist ein anschraubbarer Hilfsschenkel vorgesehen.

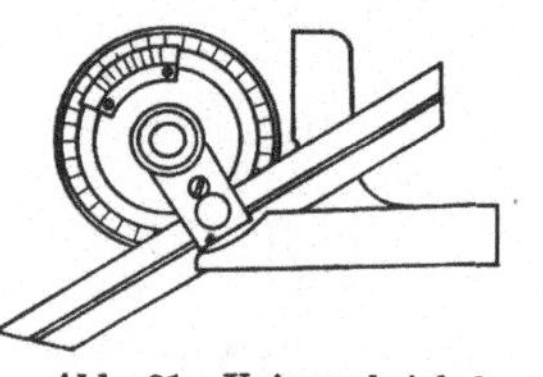

Abb. 31. Universalwinkelmesser

Eine weitere Verbesserung ist der von mehreren Firmen gebaute optische Winkelmesser, z. B. in der Ausführung nach Abb. 32. Er kann als Hand- oder als Standgerät an einem kippbaren Stativ verwendet werden. Letztere Ausführung ermöglicht vor allem bei serienmäßigen Kontrollen leichteres Arbeiten, da beide Hände zum Halten des Prüflings und zum Anlegen des Lineals frei werden. Die Ablesung erfolgt durch eine Lupe ($V = 16$ bis $40\times$) an einer auf fotografischem Wege verkleinerten Skale. Das ermöglicht, eine 5′-Teilung anzubringen, wobei $^1/_5$ Skt, also 1′, noch geschätzt werden können, so daß sich der Nonius erübrigt. Bei dieser Beobachtung liest man stets im durchfallenden Licht ab und wird dadurch frei von Beobachtungsfehlern, die durch ungeeignete Beleuchtung bei den mechanischen Winkelmessern auftreten; außerdem ist auch hier die vollständig gekapselte Skale gegen Beschädigung und Verschmutzung geschützt. Die Konstruktion ist ferner so eingerichtet, daß sich der verschiebbare Schenkel um volle 360° drehen läßt. Dadurch kann man alle vorkommenden spitzen und stumpfen Winkel mit oder ohne wirklich vorhandenem Scheitelpunkt an zwei Linealkanten einstellen und z. B. auch Kegel mit kleinen Verjüngungen messen, selbst wenn es nur möglich ist, die Schenkel an der Kegelspitze anzulegen. Da bei den hiermit auszuführenden Messungen sowohl der lange als auch der kurze Arm des Schenkels zu benutzen ist, müssen beide möglichst

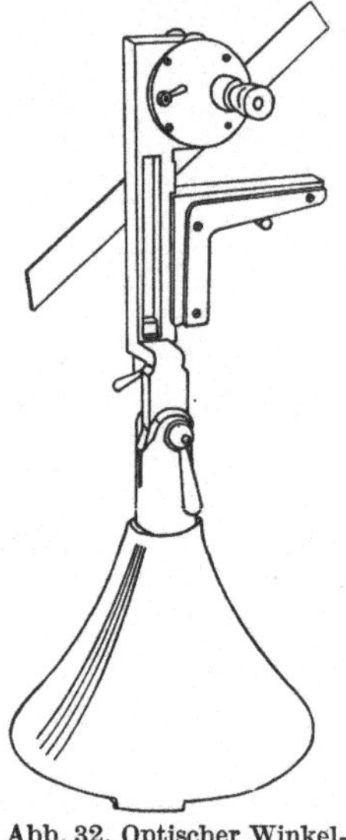

Abb. 32. Optischer Winkelmesser (Leitz, Wetzlar)

genau einen rechten Winkel einschließen. Die Außermittigkeit des Teilkreises übersteigt nicht 4 μm ($\hat{=} \approx 1′$), was (genau so wie die Teilung selbst) vor dem Zusammenbau mit einem Prüfgerät untersucht wird. Als größter zulässiger Fehler des Gerätes werden $2^1/_2′$ garantiert.

3.22 Pendelneigungsmesser

Um eine bestimmte räumliche Lage einer Fläche festzustellen, verwendet man (bei nicht zu hohen Anforderungen) Pendelneigungsmesser, bei denen das Pendel stets in der Senkrechten bleibt, während der Teilkreis, dessen 0-0-Durchmesser parallel zur Auflagefläche der Traverse ist, sich mit dieser um ihren Kippwinkel gegen die Waagerechte dreht.

Eine einfache Ausführung eines solchen Pendelneigungsmessers zeigt Abb. 33. Das mit einem breiten ebenen Fuß versehene Gehäuse trägt einen Teilkreis. An dem eigentlichen Pendel ist ein Nonius befestigt, der 5′ abzulesen erlaubt.

Abb. 33. Pendelneigungsmesser

Eine interessante Ausführung ist das Zeigerclinometer nach Abb. 34. Ein kleines Gewicht ist an dem sich nach oben erstreckenden Ende einer Spiralfeder so angebracht, daß bei waagerechter Lage der Sohle der Zeiger auf 0 zeigt. Wird das Gerät geneigt, so bewirkt das Gewicht ein Drehmoment, wodurch die Spiralfeder verdreht wird und der Zeiger ausschlägt. Die Anzeigeskale ist entweder in Grad oder Minuten, in Prozent oder in mm/m-Neigung geteilt.

Das Meßelement läßt sich ohne Schwierigkeiten in Lineale, Apparate und Maschinen einbauen. Zum Messen von Winkeln von 0 bis 180° gegenüber der Waagerechten wird das eigentliche Clinometer im Mittelpunkt eines Teilkreises angebracht, an dem die Grade und Minuten abgelesen werden. Die Meßunsicherheit des Gerätes beträgt $\pm 0{,}5'$.

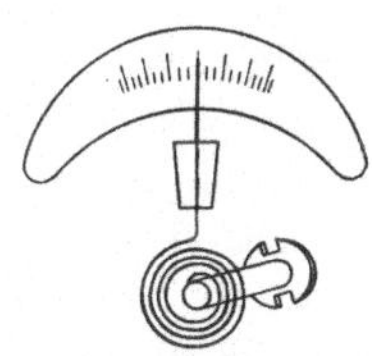

Abb. 34. Zeigerclinometer (Tesa, Renens, Schweiz)

3.23 Libellen und Richtwaagen

Genauere Winkelmessungen erfordern Teilungen mit entsprechend kleinem Skalenwert. Die Ablesung muß entweder durch optische Hilfsmittel, wie die fest eingebaute Lupe beim optischen Winkelmesser oder Mikroskope für stärkere Vergrößerungen, die zweckmäßig als Meß- (Goniometer-) Mikroskope ausgebildet werden (s. Abschn. 3.24), oder durch Teilkreise mit großem Durchmesser, die mit unbewaffnetem Auge ablesbar sind, erfolgen.

Dem ist aber aus mehreren Gründen eine Grenze gesetzt. Man beschränkt sich deshalb auf Ausschnitte aus einem großen Kreisbogen, vermag dann aber nur kleine Winkeländerungen zu bestimmen.

Angewendet ist dieses Prinzip bei den Röhren- und Dosenlibellen, die in Richtwaagen eingebaut, meist zur Bestimmung der waagerechten oder senkrechten Lage von Flächen, gelegentlich auch zur zahlenmäßigen Ermittlung der Abweichung hiervon, dienen.

Die (bereits 1661 erfundene) Röhrenlibelle besteht aus einem Glasrohr, das innen in der Längsrichtung nach einem Kreisbogen geschliffen (für gröbere Zwecke gebogen) und bis auf eine Blase mit einer leicht beweglichen Flüssigkeit, meist Äther, gefüllt ist. Das Rohr hat außen eine Teilung, meist mit einer Skalenteilgröße von 2 mm, die sich von zwei, die Blase ungefähr einschließenden Nullstrichen aus nach beiden Seiten erstreckt. Die Ätherdampfblase stellt sich in dem Rohr stets auf die höchste Stelle ein, so daß die Verbindungslinie ihrer Mitte mit dem Kreismittelpunkt stets die Senkrechte verkörpert (wie der Pendelfaden bei Pendelneigungsmessern). Wird die Libelle aus ihrer Anfangslage, in der die Blase zwischen den beiden 0-Strichen symmetrisch steht (Abb. 35), um einen Winkel φ gekippt, so verschiebt sich die Teilung relativ zur Blase um den Bogen L, der mit stets ausreichender Annäherung durch die Tangente ersetzt werden kann und der sich

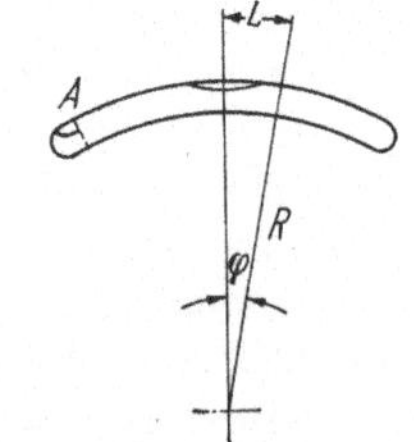

Abb. 35. Prinzip der Libelle

berechnet aus

$$L = R \cdot \varphi \quad (\varphi \text{ im Bogenmaß}) \quad \text{oder} \quad L = R \cdot \varphi / 206\,265 \quad (\varphi \text{ in Sekunden}).$$

Ist $L = a \cdot n$, wobei a die Skalenteilgröße in mm ist und n die Anzahl der Skalenteile, so wird der Skalenwert S der Libelle

$$S = \frac{\varphi}{n} = \frac{a \cdot n/R}{n} = \frac{a}{R} \, \frac{\text{mm}}{\text{m}} = \frac{1}{1000} \, \frac{a}{R} \, \text{rad} = 206{,}265 \, \frac{a''}{R} , \tag{21}$$

(wobei a in mm, R in m einzusetzen ist)[1].

In DIN 2276 (September 1959) sind die Begriffe, Anforderungen und zulässige Abweichungen für Röhrenlibellen mit Skalenwerten über 0,03 mm/m festgelegt. Danach wird als Meßgröße die Neigung in mm je m angegeben.

Bei der genormten Skalenteilgröße von $a = 2$ mm muß also bei einer Sekundenlibelle ($S = 1''$ bzw. $\approx 0{,}005$ mm/m) der Radius $R = 412{,}541$ m sein. Derartig empfindliche Libellen kommen aber nur für das Meßlaboratorium sowie für astronomische und geodätische Zwecke in Frage. Für die gewöhnlichen Anwendungsgebiete des Maschinenbaues reicht i. a. ein Skw von $6'' \approx 0{,}03$ mm/m (Halbmesser R etwa 7 m) aus. Den Skalenwert der Libelle bestimmt man mit Libellenprüfern (s. Abschn. 4.14), die auf der Grundlage des Sinus- oder Tangenslineals aufgebaut sind.

Die Libellen sind sehr empfindlich gegen Temperaturänderungen, da dadurch leicht eine unsymmetrische Verformung des Glasrohres und damit eine Änderung des Skw und auch eine Verschiebung des Nullpunktes eintritt.

Wegen der Ungleichmäßigkeit des Schliffs muß man sich bei Libellen mit der Schätzung von $^1/_4$ Skt begnügen. Da der Einstellfehler der Libelle stark von ihrer Blasenlänge abhängt[2], versieht man sie teilweise auch mit einer Kammer, d. h., man trennt einen Teil des Rohres durch eine Glaswand A (Abb. 35) mit einer kleinen Öffnung am Grunde ab, durch die man in umgekehrter Stellung Dampf in die Kammer bringen bzw. aus ihr entnehmen kann.

Um den Einfluß der Temperatur herabzusetzen, umhüllt man die Libelle mit einem Schutzrohr, in dem sie zwangs- und spannungsfrei gelagert ist. Meist umgibt man das Fassungsrohr noch mit einem zweiten Schutzrohr, an dem auch die Grundplatte (Sohle) befestigt ist. Wegen der Schwierigkeiten der Herstellung größerer gut ebener Flächen setzt man empfindliche Libellen nicht mit der ganzen Sohle, sondern nur auf 2 Linien oder 3 Punkten (Stahlkugeln) auf.

Hauptsächlich sind die Libellen in Richtwaagen zum Ausrichten waagerechter Flächen eingebaut. Dazu muß das Rohr so gefaßt sein, daß beim Aufsetzen auf eine solche die Blase symmetrisch einspielt. Die in der Technik gebrauchten Richtwaagen, deren Sohle vielfach zugleich auch als Prisma ausgebildet ist, werden bei der Herstellung entsprechend hingearbeitet. Libellen mit kleinem Skw müssen aber mit einer Justiereinrichtung versehen sein, die gestattet, dem Fassungsrohr eine gewisse Neigung gegen die Sohle zu geben. Dies erfolgt mit der in Abb. 36 rechts sichtbaren Schraube, die die Libelle um die links befindliche waagerechte Achse zu kippen gestattet.

Justiert wird die Libelle auf einem Gerät ähnlich dem Libellenprüfer (s. Abschn. 4.14), der so eingerichtet wird, daß die Blase einspielt. Dann setzt man die Libelle um und beseitigt die Hälfte des jetzt beobachteten Ausschlages durch die Änderung

---

[1] Der Skalenwert S wurde bisher auch als Empfindlichkeit E bezeichnet. Diese Ausdrucksweise ist falsch, da die Empfindlichkeit nach DIN 1319 definiert ist durch: Änderung der Anzeige in mm, dividiert durch Änderung der Meßgröße.

[2] BERNDT, G.: Einige Beobachtungen an Libellen. Acta Imeko Bd. III (1961) S. 38.

der Lage des Lineals, die dann noch verbleibende Abweichung der Blasenstellung von der Nullage durch Betätigung der Justierschraube an der Libelle. Dieses Verfahren ist nach erneutem Umsetzen zu wiederholen. Nach längeren Pausen muß immer wieder berichtigt werden.

Notwendig ist auch, daß die Achse des Rohres in seitlicher Richtung parallel zur Mittellinie der Grundplatte ist, damit sich die Blase längs der

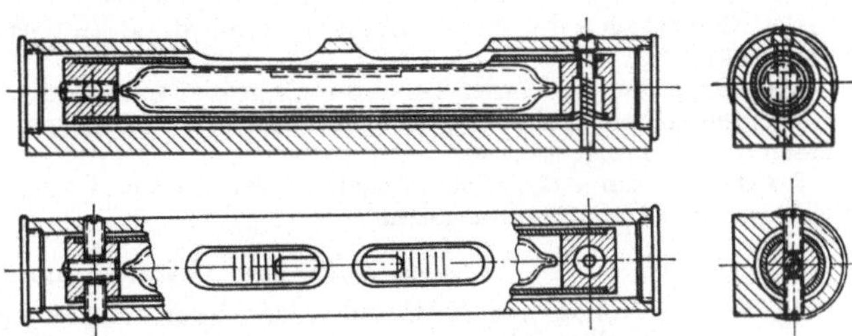

Abb. 36. Richtwaage mit Justiervorrichtung

Mantellinie des Krümmungskreises bewegt. Man prüft dies dadurch, daß sich bei kleinen Drehungen der Libelle um ihre Achse (auf einer waagerechten Unterlage) der Ausschlag nicht ändern darf. Gegebenenfalls justiert man die Libelle mit den in Abb. 36 links sichtbaren Schrauben, die eine Drehung um die am rechten Ende befindliche senkrechte Achse hervorrufen. Besonders wichtig ist diese Justierung bei Libellen, die mit der V-Nut auf Zylinder gesetzt werden.

Anforderungen an Richtwaagen sind in DIN 877 genormt.

Richtwaagen (Wasserwaagen) nach DIN 877 (Mai 1959)[1]

Diese Norm bezieht sich auf Richtwaagen für den Maschinenbau mit Röhrenlibellen nach DIN 2276, deren Skalenwert mindestens 0,03 mm/m beträgt.

1. Begriffe (siehe auch DIN 1319)

1.1 Skalenwert. Der Skalenwert ist die Änderung der Meßgröße, die eine Änderung der Anzeige um 1 Skalenteil bewirkt. Als Meßgröße wird bei Richtwaagen die Neigung in mm/m angegeben.

Als Skalenwert gilt der Mittelwert, der sich aus der Bestimmung der Skalenwerte der den beiden Nullstrichen benachbarten Skalenteile ergibt.

1.2 Nullage. Bei der Nullage befinden sich die Meßflächen in waagerechter bzw. senkrechter Lage. Dabei soll die Blase symmetrisch zu den beiden Nullstrichen stehen.

2. Werkstoff

2.1 Gehäuse. Für Gehäuse der Richtwaagen der Klassen I und II (s. Abschnitt 3.1) ist nur Metall, für die der Richtwaagen der Klassen III und IV sind neben Metall auch andere formbeständige Werkstoffe zulässig.

3. Anforderungen

3.1 Klasseneinteilung

Skalenwertbereich mm/m	Klasse	zugehörige Röhrenlibelle nach DIN 2276 Ausführung
0,03 bis 0,05 über 0,05 bis 0,1 über 0,1 bis 0,2	I a I b I c	A oder B
über 0,2 bis 0,4	II	A oder B
über 0,4 bis 0,8 über 0,8 bis 1,6	III IV	B oder C

Querlibellen für Richtwaagen liegen innerhalb eines Skalenwertbereiches über 5 bis 10 mm/m

---

[1] Wiedergegeben mit Genehmigung des Deutschen Normenausschusses. Maßgebend ist die jeweils neueste Ausgabe des Normblattes im Normformat A 4, die bei der Beuth-Vertrieb GmbH., Berlin 15 und Köln erhältlich ist.

3.2 Ausführung. Bei Richtwaagen der Klasse Ia sind ein Wärmeschutz (z. B. Griffschalen oder Knöpfe) und Beschläge zum Schutz der Röhrenlibelle *erforderlich*. Für Richtwaagen der Klasse Ib und Ic wird ein Wärmeschutz *empfohlen*.

Bei Richtwaagen der Klasse Ia ist spannungsfreie Einbettung erforderlich und Justierbarkeit zweckmäßig.

Die Länge der sichtbaren Teilung muß größer sein als die Blasenlänge bei $-10\,°\mathrm{C}$.

3.3 Meßflächen. Zulässig sind ebene und prismatisch genutete Meßflächen. Aussparungen müssen deutlich abgesetzt sein.

3.4 Beschriftung. Bei Richtwaagen der Klasse I und II ist der Sollskalenwert der Röhrenlibelle auf dem Gehäuse anzugeben.

4. Zulässige Abweichungen

4.1 Für die Nullage bei 20 °C und einer Abweichung innerhalb ±0,1 Skalenteil der Querlibelle von der Nullage gilt folgende zulässige Abweichung für die Längslibelle:

bei waagerechter Prüflage für ebene oder V-förmige Meßflächen .... ± 0,2 Skalenwert

bei senkrechter Prüflage für ebene oder V-förmige Meßflächen

Klasse Ia bis Ic 1   Skalenwert

Klasse II bis IV .... 0,5 Skalenwert

4.2 Für den Skalenwert (s. Abschnitt 1.1) beträgt die zulässige Abweichung ±25% vom Sollwert des Skalenwertes.

4.3 Für die Ebenheit der Meßflächen gilt:

Richtwaagen der Klasse	I	II	III	IV
zulässige Abweichung von der Ebenheit nach Genauigkeitsgrad DIN 876 Blatt 2	I	II	III	III

5. Prüfung

5.1 Nullage. Die Anzeige der Nullage wird bei Richtwaagen mit ebenen Meßflächen an einer ebenen Fläche (Prüffläche), bei Richtwaagen mit V-förmigen Meßflächen an Zylindern verschiedener Durchmesser geprüft. Die Meßflächen sollen auf ihrer ganzen Länge die Prüffläche berühren.

Die Anzeige der Nullage wird stets durch Umschlag geprüft, um den Einfluß einer von der Waagerechten bzw. Senkrechten abweichenden Lage der Prüffläche auszuschalten. Prüfung auf Umschlag erfolgt dadurch, daß nach der Ablesung die angelegte Richtwaage auf der Prüffläche um 180° geschwenkt und dann erneut abgelesen wird. Bei waagerechten Prüfflächen geht die zu ihr senkrechte Drehachse der Schwenkung durch die Mitte der Richtwaage.

Beim Umschlag an senkrechten Prüfzylindern ist die Drehachse die Achse des Zylinders.

5.2 Skalenwert. Der Skalenwert wird mit Sinus- oder Tangenslineal oder anderen geeigneten Meßmitteln geprüft.

6. Anwendung

Das Ausrichten mit Richtwaagen ist stets auf Umschlag vorzunehmen.

Das Meßergebnis ist der Mittelwert aus beiden Blasenausschlägen. Durch diese Maßnahme wird der Einfluß der Justierfehler ausgeschaltet.

Es wird empfohlen, die Richtwaagen in Schutzkästen aufzubewahren.

Für Montagezwecke reicht auch vielfach die (1777 erfundene) Dosenlibelle aus (Abb. 37); sie ist innen nach einer Kugelfläche geschliffen und wurde früher auf eine ebene kreisförmige Metallplatte gekittet. Da aber eine Kittung oder eine Verschlußschraube auf die Dauer nicht dicht hält, verwendet man besser völlig zugeschmolzene Glaskörper, die spannungsfrei in einer Metallfassung befestigt werden. Eine Justierung (mittels dreier Schrauben) zur Grundplatte wird in der Regel nicht vorgesehen, sondern vom Hersteller ausgeführt. Die Dosenlibelle bietet den Vorteil, eine Fläche ohne Umsetzen waagerecht einrichten zu können. Die mittlere Einstellunsicherheit beträgt bei guten Dosenlibellen $\pm\,4''$.

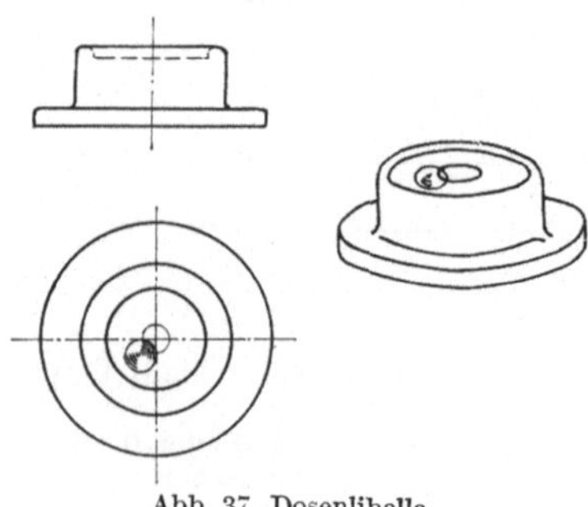

Abb. 37. Dosenlibelle

Dosenlibellen sind in DIN 2277 (November 1961) genormt.

Zum Senkrechtstellen von Flächen oder Zylindern muß man die Röhrenlibelle mit einem guten Stahlwinkel kombinieren. Durchgeführt ist dies bei den Rahmenrichtwaagen (Abb. 38).

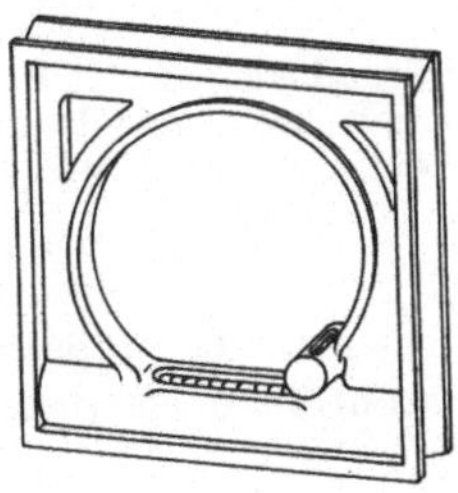

Abb. 38. Rahmenrichtwaage

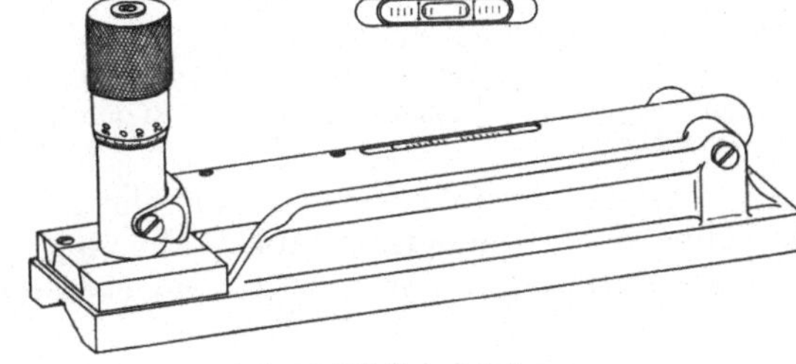

Abb. 39. Libellenwinkelmesser

3.231 Libellenwinkelmesser. Will man eine (kleine) Winkelabweichung φ einer Fläche von der Waagerechten oder Senkrechten bestimmen, so setzt man die justierte Libelle auf und beobachtet den auftretenden Ausschlag. Aus diesem und dem bekannten Skw ergibt sich dann φ. Handelt es sich nur um die Bestimmung der kleinen Winkelunterschiede zweier Flächen eines Stückes, so braucht die Libelle nicht justiert zu sein. Die Richtigkeit leidet in beiden Fällen darunter, daß der Skw meist nicht über die ganze Länge gleich bleibt.

Unabhängig hiervon ist man bei dem in Abb. 39 wiedergegebenen Gerät, das in einem Abstand $L = 200$ mm von seinem Drehpunkt mit einer Meßschraube ausgerüstet ist. Weicht die zu untersuchende Fläche von der Waagerechten (die vorher festzustellen bzw. deren Abweichung zu berücksichtigen ist) ab, so wird die Blase durch Betätigung der Meßschraube in ihre Nullage zurückgebracht. Die Winkelabweichung φ berechnet sich dabei allgemein aus

$$\varphi = \arctan \frac{h}{L} \approx \frac{h}{L} - \frac{1}{3}\left(\frac{h}{L}\right)^3. \tag{22}$$

Der Fehler $\Delta\varphi$ bei Vernachlässigung der höheren Potenzen von $\dfrac{h}{L}$ berechnet sich zu

$$\Delta\varphi = \varphi' - \varphi = \frac{1}{3}\left(\frac{h}{L}\right)^3. \tag{23}$$

Für $L = 200$ mm wird bei $h = 5$ mm ($\varphi' \approx 1°26'$)

$$\Delta\varphi = \tfrac{1}{3}(0{,}025)^3 = \tfrac{1}{3} \cdot 15{,}6 \cdot 10^{-6} = 5{,}2 \cdot 10^{-6} \approx 1''.$$

Bei $h = 10$ mm ($\varphi' \approx 2°50'$) wird $\Delta\varphi$ bereits $8{,}5''$. Man kann daher φ nur bis zu $h \approx 5$ mm unbedenklich nach der Formel

$$\varphi = \frac{h}{L}$$

berechnen.

Für $L = 200$ mm wird dabei

$$\varphi = \frac{h}{200} \text{ rad} \approx 5h \text{ mm/m} \approx \frac{206 \cdot 10^{-3} \cdot h}{200} \approx h \cdot 10^{-3\,''} \quad (h \text{ in mm}).$$

Sind h und L mit den Unsicherheiten δh und δL behaftet, so wird

$$\delta\varphi = \varphi\sqrt{\left(\frac{\delta h}{h}\right)^2 + \left(\frac{\delta L}{L}\right)^2}.$$

Nimmt man an: $h = 5$ mm, $L = 200$ mm ($\varphi = 0{,}025$ rad);

$$\delta h = \pm 3\,\mu\text{m}, \quad \delta L = \pm 100\,\mu\text{m},$$

so wird

$$\delta\varphi = \pm\,0{,}025\,\sqrt{\left(\frac{3\cdot 10^{-3}}{5}\right)^2 + \left(\frac{10^{-3}}{2}\right)^2}$$

$$\approx \pm\,0{,}02\cdot 10^{-3}$$

$$\approx \pm\,4''.$$

Der Fehler wird also, die Verwendung einer Libelle mit genügend kleinem Skw vorausgesetzt, sehr gering. Selbstverständlich muß dabei der Nullpunkt der Meßschraube der genauen waagerechten Stellung der Libelle entsprechen, anderenfalls ist eine etwaige Abweichung in Rechnung zu setzen.

Eine verbesserte Ausführungsform für sehr genaue Neigungsmessungen ist die Koinzidenzlibelle der Jenoptik GmbH (Abb. 40). Der Skw an der Meßschraube beträgt 0,01 mm/m $\approx$ 2''. Der Skw der eingebauten Röhrenlibelle ist (bei 2 mm Blasenweg) 20''.

Durch ein Prismensystem werden die Blasenenden so abgebildet, daß deren Koinzidenz (Stellung, in der sich beide Blasenhälften genau überlagern) durch eine Lupe betrachtet werden kann. Durch die optische Vergröße-

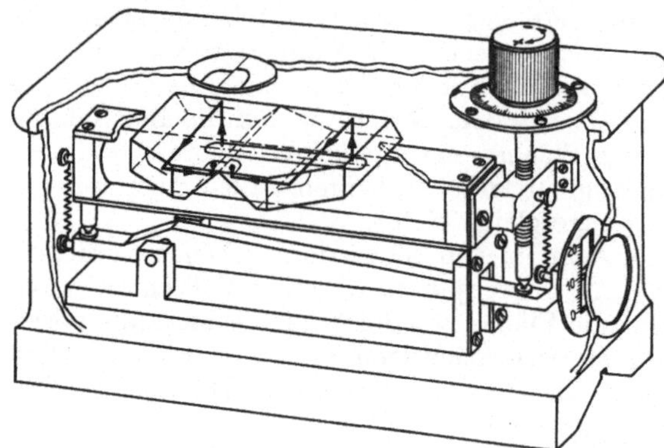

Abb. 40. Koinzidenzlibelle (Jenoptik GmbH., Jena)

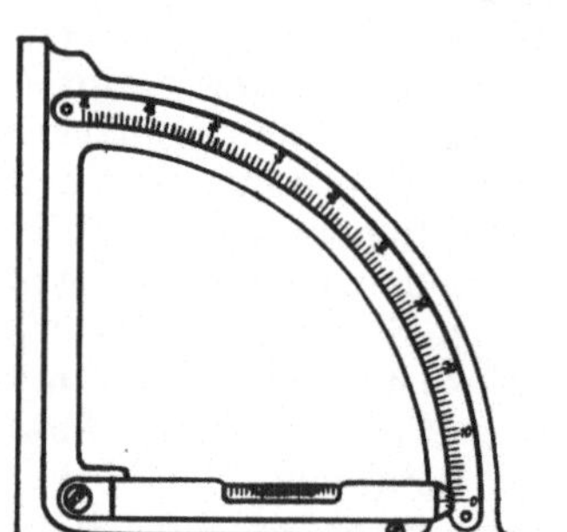

Abb. 41. Neigungswinkelmesser
(VEB Massi, Werdau)

rung entspricht eine Winkeländerung von 2'' einem scheinbaren Blasenweg von 0,8 mm. Trotz der geringen Einstellunsicherheit, wie sie vor allem auch durch die Einstellung auf Koinzidenz hervorgerufen wird, bleibt der Vorteil der 20''-Libelle — das schnelle Einspielen der Blase — erhalten. Der Fehler des Gerätes wird im Gesamtmeßbereich ($\pm\,10$ mm/m $\frown\,\pm\,34'$) mit höchstens $\pm\,4''$ angegeben.

Erreichen die Neigungswinkel größere Werte, so muß man die Libelle mit einem Anlegegoniometer so kombinieren, daß in der Nullstellung der Libelle, die an einem Schenkel des Winkelmessers angebracht ist, die Anzeige an der Skale des Winkelmessers ebenfalls Null zeigt (Abb. 41).

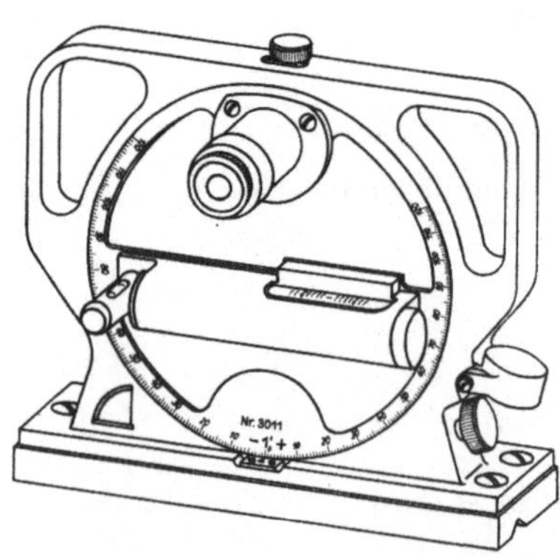

Abb. 42. Winkellibelle mit Mikroskop

Zum Einstellen und Prüfen von Neigungen und Winkeln an ebenen oder zylindrischen Körperflächen wird vielfach die Winkellibelle nach Abb. 42 verwendet, bei der die Ablesung des (Glas-)Teilkreises durch ein Mikroskop erfolgt.

Zur Messung von Neigungen wird nach Einspielen der 30''-Längslibelle an dem eingebauten Glasteilkreis der jeweilige Winkelwert angezeigt und mit Hilfe eines

Mikroskopes ($V = 40 \times$) in Graden und Minuten abgelesen. Im Sehfeld des Mikroskopes erscheinen die Gradteilungen des Glasteilkreises und zwei übereinander stehende Minutenteilungen. Je nachdem, ob die Fläche vom Beobachter aus nach links ansteigt oder nach rechts, werden die Minus- oder die Pluswerte beobachtet (Abb. 43). Die Unsicherheit des Gerätes beträgt bei einem Anzeigebereich des Glasteilkreises von $\pm 120°$ höchstens $\pm 1'$.

3.24 Meßmikroskope

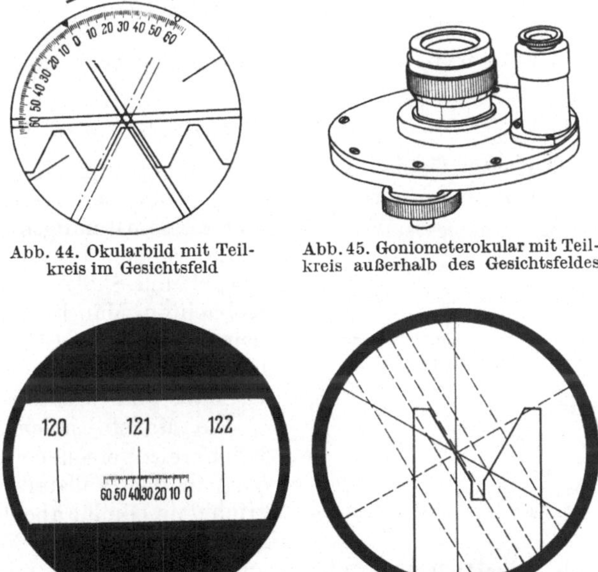

Abb. 43. Mikroskopgesichtsfeld der Winkellibelle Abb. 42

Winkelmessungen an kleinen Objekten werden zweckmäßig an einem vergrößerten Bild derselben vorgenommen, wie man es durch mikroskopische Abbildung oder durch Projektion erhält. Die Messung des Winkels erfolgt entweder durch ein Winkelmeßokular oder dadurch, daß der Auflagetisch mit dem Prüfling gedreht und die Drehung des Tisches gemessen wird. Beim Winkelmeßokular ist in der Bildebene des Mikroskopes eine Strichkreuzfigur angebracht, die durch den Mittelpunkt eines in 360° geteilten Glasteilkreises geht. Liegt der Teilkreis im Gesichtsfeld, so erfolgt die Ablesung durch die Betrachtung im Okular (Abb. 44). Bei neueren Goniometerokularen (Abb. 45) liegt der Teilkreis außerhalb des Gesichtsfeldes, und die Ablesung erfolgt durch ein kleines Mikroskop, in dessen Okular wiederum eine Hilfsteilung angebracht ist, die eine Minutenablesung gestattet (Abb. 46). Das Winkelmeßokular wird vor allem an den Werkzeug- und Universalmeßmikroskopen verwendet. Zur Winkelmessung wird das Strichkreuz jeweils an die

Abb. 44. Okularbild mit Teilkreis im Gesichtsfeld

Abb. 45. Goniometerokular mit Teilkreis außerhalb des Gesichtsfeldes

Abb. 46. Gesichtsfeld des Goniometerokulars (rechts) und des kleinen Ablesemikroskopes (links)

im Bild erscheinenden Schattenkanten des Prüflings angelegt und die dazu nötige Drehung des Strichkreuzes beobachtet. Bei der Messung des Flankenwinkels von Gewinden ist dabei zu beachten, daß die Umrißprojektion nicht mit dem Axialschnitt (in dem der Flankenwinkel gemessen werden soll) zusammenfällt. Man erhält — namentlich bei größeren Steigungen — dadurch, daß die Flanken von oben oder unten überragen, verschwommene Konturen, die durch die Reflexe an den gewölbten Kanten noch undeutlicher werden. Diese Fehler vermeidet man, wenn man im Axialschnitt zwei Schneiden an die Flanken heranschiebt, so daß sich je ein enger Lichtspalt zwischen beiden bildet. Bei Einstellung auf Mitte Spalt ist der Strich parallel zur Flanke im Axialschnitt.

Meist besitzen die Schneiden einen zu ihrer Anlegekante parallelen Strich; sie werden so angeschoben, daß der Lichtspalt über die ganze Länge verschwindet, und dann wird der Strich in der Bildebene auf den auf der Schneide befindlichen eingestellt. Dieses Verfahren ist aber nur anzuwenden, wenn die Schneidenkante genau parallel zu der Strichmarke verläuft, eine Bedingung, die vor allem bei abgenützten Schneiden nicht erfüllt ist.

Ohne Benutzung der Schneiden kann man eine scharfe Umrißprojektion dadurch erhalten, daß man (wie dies bei den modernen Geräten möglich ist) das Betrachtungsmikroskop unter dem mittleren Steigungswinkel φ in Richtung der Steigung neigt. Führt man die Messung in dieser Lage aus, so berechnet sich der wirkliche Flankenwinkel des Prüflings aus der Gewindesteigung $\varphi = \dfrac{P}{d_2\pi}$ und dem gemessenen Winkel α' der Flanken im Projektionsbild nach der Formel

$$\tan\frac{\alpha}{2} = \frac{\tan\dfrac{\alpha'}{2}}{\cos\varphi}.\tag{24}$$

Der Winkelfehler $\Delta\alpha = \alpha' - \alpha$ berechnet sich (s. auch Abschn. 3.131) zu

$$\Delta\alpha = -\frac{\varphi^2}{4}\sin 2\alpha = -87\frac{P^2}{d_2^2}\cdot\sin 2\alpha \quad \text{in Minuten}.\tag{25}$$

Dieser Wert ist bei jeder Messung zu berücksichtigen.

3.25 Meßfernrohre und Theodolite

Auf dem Gebiet der Winkelmessungen gewinnen auch die Meßfernrohre mehr und mehr an Bedeutung. Sie werden entweder als Bestandteil von Meßeinrichtungen oder als selbständiges Meßgerät benutzt. Kleine Winkeländerungen lassen sich mit Hilfe von Fernrohr, Spiegel und Skale (POGGENDORFsche Spiegelmethode) beobachten. Man befestigt dazu an dem Prüfling einen kleinen Spiegel *1* (Abb. 47), stellt ein Fernrohr *2* so, daß seine Achse senkrecht zur Reflexionsebene und der Maßstab *3* wieder senkrecht hierzu steht.

Die Maßstabstriche werden auf der mit einem Strichkreuz versehenen Okularstrichplatte abgebildet. Wird in der Nullstellung des Spiegels der Maßstabstrich *0* im Okular abgelesen, so wird bei einer Drehung des Spiegels um den Winkel α der um den Betrag e vom Nullstrich entfernt liegende Maßstabstrich mit dem Okularfadenkreuz übereinstimmen. Der Winkel α ergibt sich aus

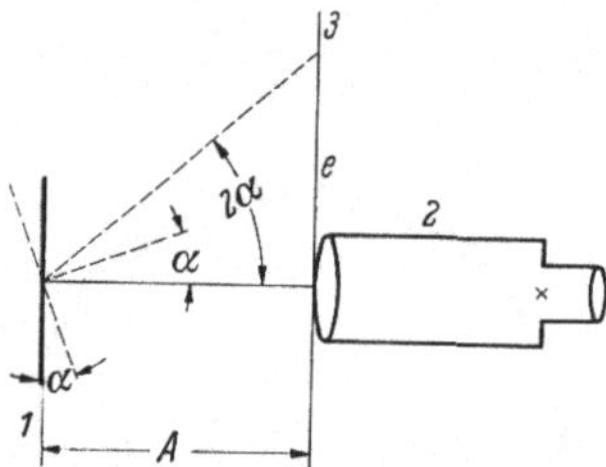

Abb. 47
POGGENDORFsche Spiegelmethode
1 Spiegel; *2* Fernrohr; *3* Maßstab

$$\tan 2\alpha = \frac{e}{A}.\tag{26}$$

Für kleine Winkel kann man mit ausreichender Genauigkeit setzen $\alpha \approx \dfrac{e}{2A}$.

Wählt man $A = 2$ m, so entspricht jedem Ausschlag von 1 mm ein Winkel von 51,6″. Bei genügender Beleuchtung, Spiegelgröße und Fernrohrvergrößerung kann man $^1/_{10}$ Skt jeder Beobachtung schätzen, so daß man den Fehler δe von e zu $\pm 0{,}14$ mm ansetzen kann, während der von A etwa $\delta A = \pm 2$ mm wird. Der Fehler $\delta\alpha$ ergibt sich mit den Unsicherheiten δe und δA zu

$$\delta\alpha = \frac{1}{4}\sqrt{\left(\frac{\delta e}{e}\right)^2 + \left(\frac{\delta A}{A}\right)^2}\,\sin 4\alpha.\tag{27}$$

Für einige Werte von e sind die Fehler (bei $A = 2$ m) in Tabelle 9 angegeben:

Tabelle 9. *Fehler bei der Poggendorfschen Spiegelmethode*

$\dfrac{e}{\text{mm}}$	α	$\sin 4\alpha$	$\dfrac{\delta e}{e}$	$\dfrac{\delta A}{A}$	$\delta\alpha$	$\dfrac{e}{A}$	$\Delta\alpha$
10	0,0025	0,00999	0,014	0,001	7,2″	0,005	0″
20	0,0050	0,01999	0,007	0,001	7,3″	0,010	0″
50	0,0125	0,04998	0,0028	0,001	7,7″	0,025	− 0,5″
100	0,0250	0,09982	0,0014	0,001	8,8″	0,050	− 4,3″
200	0,0500	0,19866	0,0007	0,001	12,5″	0,100	−34,4″
500	0,1250	0,47942	0,0003	0,001	25,7″	0,250	− 8′57″

Wie schon angegeben, gilt die Formel $\alpha = \dfrac{e}{2A}$ nur bei kleinen Ausschlägen. Für größere Ausschläge muß der Fehler $\Delta\alpha$ berücksichtigt werden, der sich wie folgt ergibt:

$$2\alpha = \arctan\frac{e}{A} \qquad \frac{e}{A} - \frac{1}{3}\left(\frac{e}{A}\right)^3,$$

$$\Delta\alpha = -\frac{1}{6}\left(\frac{e}{A}\right)^3. \tag{28}$$

Für $A = 2\,\text{m}$ folgen daraus die in Tabelle 9 vermerkten Werte für $\Delta\alpha$.

Das beschriebene Meßprinzip bildet die Grundlage der Feindehnungsmessung nach MARTENS, bei der Längenänderungen aus einer Spiegeldrehung bestimmt werden.

Zur Richtungsprüfung an Werkzeugmaschinen, Lokomotivrahmen u. ä. werden sogen. Fluchtfernrohre in Verbindung mit Kollimatoren verwendet. Der Kollimator (Abb. 48) besteht im wesentlichen aus einem Objektiv und einer beleuchteten Zielmarke mit zwei zueinander senkrecht stehenden Skalen oder einem Fadenkreuz.

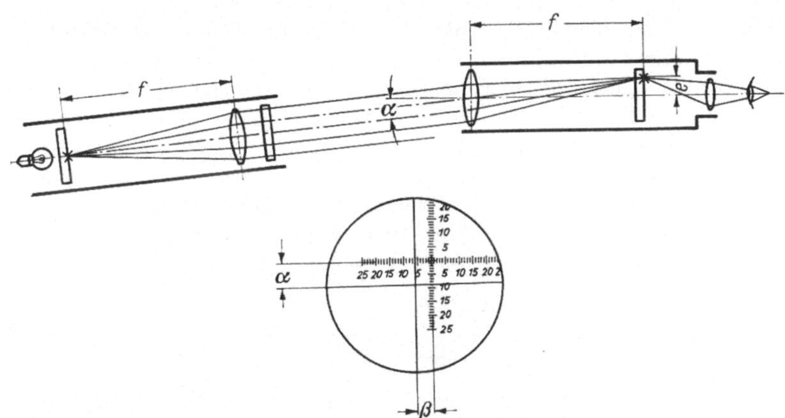

Abb. 48. Kollimator und Fernrohr

Die Zielmarke befindet sich im vorderen Brennpunkt des Objektives. Die vom Mittelpunkt der Zielmarke ausgehenden Strahlen verlassen den Kollimator achsparallel, so daß der Abstand des auf unendlich eingestellten Fernrohres von jenem (innerhalb gewisser praktischer Grenzen, die durch den Einfluß der Temperaturschichtung der Luft und vor allem durch die Beschneidung der Strahlenbündel bei größeren Entfernungen gegeben sind) beliebig sein kann. In der Bildebene des Fernrohres befindet sich ein Fadenkreuz oder eine eine Skale tragende Strichplatte (Okularstrichplatte). Sind Fernrohr und Kollimatorachse parallel zueinander, so wird der Mittelpunkt der Kollimatorstrichplatte auf dem der Okularstrichplatte abgebildet. Haben beide Achsen verschiedene Richtung, so erfolgt eine Versetzung, und die Richtungsfehler in zwei zueinander senkrechten Ebenen können an den Skalen abgelesen werden. Es ist nach Abb. 48

$$\tan\alpha = \frac{e}{f} = \frac{a \cdot n}{f}\,, \tag{29}$$

wobei a die Skalenteilgröße auf der Okularstrichplatte[1], n die Anzahl der Skalenteile und f die Brennweite des Fernrohrobjektives ist.

Für kleine Winkel wird

$$\alpha = \frac{a \cdot n}{f}\,. \tag{30}$$

Für $n = 1$ erhält man aus (30) den Skalenwert zu

$$S = \frac{a}{f}\,. \tag{31}$$

er ist somit umgekehrt proportional der Objektivbrennweite.

Für $f = 516$ mm und eine Skalenteilgröße $a = 0{,}3$ mm auf der Okularstrichplatte wird $S = 2'$.

Verwendet man zum Einfangen des Fadenkreuzbildes eine Okularmeßschraube mit einer Steigung $P = 0{,}3$ mm (entsprechend der Skalenteilgröße auf der Okularstrichplatte), so wird bei 120 Skalenteilen der Meßschraubentrommel der Skalenwert $S = 1''$.

Zu beeinflussen ist also der Skalenwert bei konstanter Brennweite f des Fernrohrobjektives nur durch die Skalenteilgröße auf der Okularstrichplatte oder durch die Steigung und die Trommelteilung der Meßschraube, wobei vorausgesetzt werden muß, daß das Okular eine genügende Vergrößerung besitzt, um die Lage des Bildes der Zielmarke auf der Strichplatte mit der nötigen Schärfe zu erkennen. Zweckmäßig bildet man eines der beiden Fadenkreuze als Doppelkreuz aus, um das einfache Strichkreuz zwischen den Doppelstrichen des anderen einfangen zu können und damit die Vorteile des (Lage-)Symmetrieabgleiches zu erhalten.

Kollimator und Fernrohr sind so ausgeführt, daß sie in Bohrungen eingesetzt werden können, deren gegenseitige Lage in bezug auf ihre Richtung geprüft werden soll. Es müssen dann die Achsen der Aufnahmezylinder mit den Zielachsen zusammenfallen, was durch eine exakte Zentrierung der Strichplatten erreicht wird.

Bei dem Fluchtfernrohr nach Abb. 49 beträgt der Skw $1'$ bei einem Anzeigebereich von $\pm\,25'$ und einer Meßunsicherheit von $\pm\,4''$.

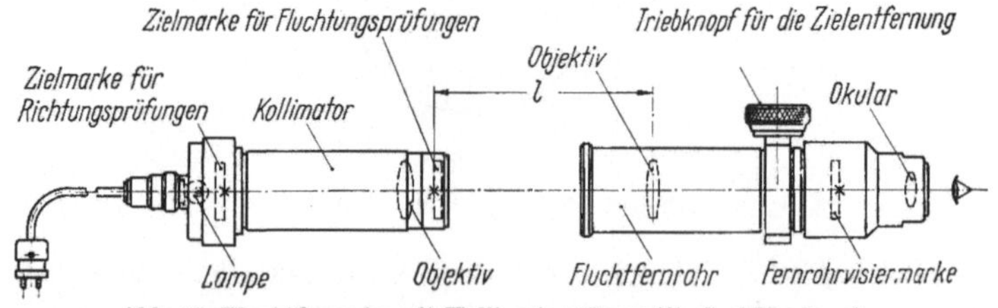

Abb. 49. Fluchtfernrohr mit Kollimator (Jenoptik GmbH., Jena)

In diesem Zusammenhang soll noch erwähnt werden, daß bei Einstellung des Fernrohres auf eine vor dem Kollimatorobjektiv befindliche Zielmarke für Fluchtungsprüfungen auch eine Versetzung von Kollimator- und Fernrohrachse gemessen werden kann. Durch Verwendung von zwei vor dem Fernrohrobjektiv angebrachten, um eine waagerechte und um eine senk-

---

[1] Befindet sich die Skale auf der Kollimatorstrichplatte, so gilt $a = a_k \cdot \dfrac{f}{f_k}$, wobei a_k die Skalenteilgröße auf der Kollimatorstrichplatte und f_k die Brennweite des Kollimatorobjektives ist.

rechte Achse kippbaren Planparallelplatten kann auch die Parallelversetzung von Kollimator und Fernrohr gemessen werden. Wegen des nicht parallelen Strahlenganges ist bei diesen Messungen eine Fokussierung auf den jeweiligen Ort der Zielmarke nötig. Erfolgt diese durch Verschieben des Okulars mit der Strichplatte, so ist dazu eine einwandfreie Führung erforderlich.

Besser ist die Anwendung einer verschiebbaren Linse zwischen Objektiv und Okular. Ohne Fokussierung arbeitet das optische Lineal von HUET, auf dessen Wirkungsweise nicht eingegangen werden soll, da es nicht zu Winkelmessungen verwendet werden kann[1].

Setzt man anstelle des Kollimators einen Spiegel, so lassen sich Winkeländerungen seiner Lage mit einem Autokollimationsfernrohr bestimmen.

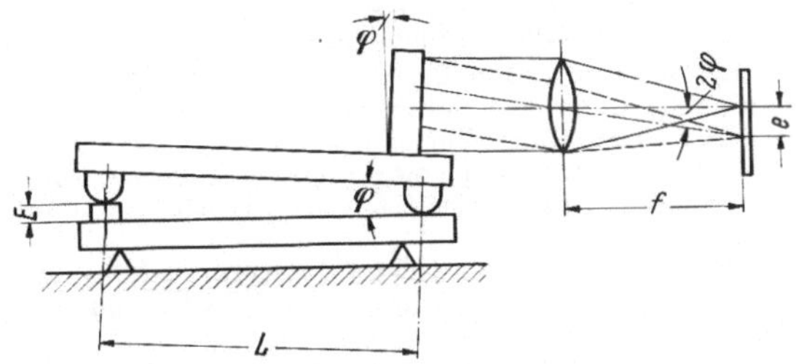

Abb. 50. Wirkungsweise des Autokollimationsfernrohres und Skalenwertbestimmung mit Sinuslineal

Die Wirkungsweise ist in Abb. 50 dargestellt. In der hinteren Brennebene des Fernrohrobjektives ist ein beleuchtetes Fadenkreuz angebracht. Die vom Fernrohr ausgehenden Parallelstrahlen werden an einem senkrecht zur Fernrohrachse stehenden Spiegel in sich zurückgeworfen. Ist der Spiegel gegen jene Lage um den Winkel φ gekippt, so erfolgt eine Auslenkung des Spiegelbildes in der Brennebene infolge der doppelten Strahlenablenkung um den Winkel 2φ. Da nur kleine Winkeländerungen gemessen werden, folgt wiederum

$$\tan 2\varphi \approx 2\varphi \approx \frac{e}{f} \cdot \tag{32}$$

Gegenüber Fernrohr und Kollimator wird der Skalenwert bei gleicher Brennweite des Fernrohrobjektives

$$S = \frac{a}{f}, \tag{33}$$

also nur halb so groß wie beim Fluchtfernrohr.

Zur Beleuchtung sind Bauweisen mit geometrischer und mit physikalischer Strahlenteilung gebräuchlich. Bei Verwendung der geometrischen Strahlenteilung wird in der einen Hälfte des Gesichtsfeldes eine Skale angebracht, die von außen beleuchtet wird (Abb. 51a). Nach Reflexion am Spiegel erscheint das Bild der Skale in der anderen Hälfte des Gesichtsfeldes, wo seine Lage an einer festen Marke abgelesen wird. Bei Führungsprüfungen und ähnlichen Messungen, bei denen der Spiegel verschoben wird, ist diese Anordnung von Nachteil, da bei zu großer Entfernung vom Fernrohr keine reflektierten Strahlen mehr in das Objektiv gelangen[2].

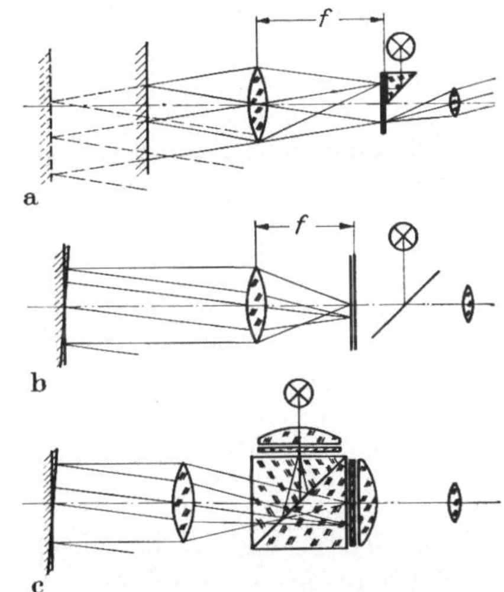

Abb. 51a—c. Strahlenteilungen am Autokollimationsfernrohr
a) geometrische; b) physikalische mit halbdurchlässigem Spiegel; c) physikalische mit Teilungswürfel

Die physikalische Strahlenteilung zeigt Abb. 51b. Die unter 45° zu einer halbdurchlässig verspiegelten Glasfläche einfallenden Lichtstrahlen beleuchten das in der Bildebene befindliche Fadenkreuz. Dieses und sein Spiegelbild werden durch das Okular betrachtet. Die Anwendung von Skalenstrichplatten ist in diesem Fall wegen der auftretenden Überlagerungen nicht möglich. Die Messung erfolgt durch eine mit dem Fadenkreuz verbundene Okularmeßschraube. Das Fadenkreuz wird durch die Meßschraube so lange verschoben, bis es sich mit

---

[1] Näheres s. B. CUNY: Microtecnic 1950, H. 4, S. 194—199.

[2] Praktische Anwendung hat dieses Verfahren z. B. bei dem Feinzeiger „Optimeter" gefunden, wo man allerdings nicht den Drehwinkel des Spiegels, sondern die Verschiebung des Meßbolzens ermitteln will, welche die Drehung bewirkt.

seinem Spiegelbild deckt. Die Angabe des Skw der Okularmeßschraube erfolgt zweckmäßig in Winkeleinheiten. Da beim Verschieben des Fadenkreuzes in Richtung Spiegelbild dieses in gleicher Weise auf das Originalfadenkreuz zuwandert, läßt sich in diesem Falle die durch die Reflexion auftretende doppelte Winkelabweichung nicht zur Verringerung des Skw ausnutzen. Dies wird möglich bei der Anordnung nach Abb. 51 c. Zwischen zwei senkrecht zueinander stehenden Bildebenen und dem Fernrohrobjektiv ist unter 45° eine halbdurchlässig verspiegelte Fläche angeordnet. In der einen Bildebene ist das beleuchtete Fadenkreuz (oder eine in Winkeleinheiten geteilte Skale) angebracht, in der anderen Bildebene befindet sich ein durch eine Okularmeßschraube verschiebbares Fadenkreuz. In diese Bildebene wird nach der Reflexion am Spiegel das Fadenkreuz abgebildet. Die Verschiebung der Meßschraube ist in diesem Falle doppelt so groß wie bei der Anordnung nach Abb. 51 b.

Verwirklicht ist dieses Prinzip z. B. bei dem Autokollimationsfernrohr nach Abb. 52, das einen Skw von 4″ und einen Anzeigebereich von 40′ besitzt. Dieses

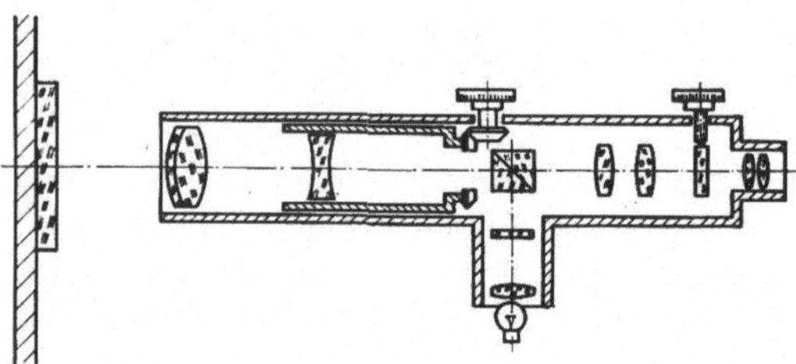

Abb. 52. Autokollimationsfernrohr (Jenoptik GmbH., Jena)

AKF läßt sich auch für Fluchtungsprüfungen anwenden, da durch Verschieben einer Zwischenlinse eine Einstellung auf einen endlichen Objektabstand möglich ist. Die Überprüfung des Skalenwertes eines Autokollimationsfernrohres erfolgt am besten unter Verwendung des Sinuslineals (Abb. 50). Über der Drehachse des Sinuslineals der Länge L wird ein gut ebener Spiegel befestigt und das Autokollimationsfernrohr senkrecht dazu eingerichtet. Nach Einfangen des Fadenkreuzes legt man unter das freie Ende des Sinuslineals ein Endmaß der Größe E. wodurch der Spiegel um den Winkel φ gekippt wird.

Es ist dann bei genügend kleinem Winkel

$$\sin \varphi \approx \varphi \approx \frac{E}{L} \quad \text{und}$$

$$\tan 2\varphi \approx 2\varphi \approx \frac{e}{f} \approx S \cdot n,$$

wobei n die Anzeigeänderung an der Okularmeßschraube in Skt ist. Folglich ist der Skw S des Autokollimationsfernrohres

$$S = \frac{2\varphi}{n} = \frac{2 \cdot E}{n \cdot L}. \tag{34}$$

Da der Skalenwert bei gleicher Skalenteilgröße umgekehrt proportional der Brennweite des Autokollimationsfernrohres ist, verlangt ein kleiner Skalenwert eine große Brennweite des Objektives und damit eine große Baulänge des Fernrohres. Durch Anwendung eines geknickten Strahlenganges, wie er bei dem in Abb. 53 dargestellten Autokollimationsfernrohr (Skw 0,1″) ausgeführt wurde, läßt sich jedoch die Baulänge wesentlich verringern. Weitere Vorteile sind Schrägeinblick und Tragbügel. Läßt man die Parallelstrahlen durch entsprechend angeordnete feste Spiegel mehrfach am gekippten Spiegel reflektieren, (ausgeführt beim Ultraoptimeter), so ist damit eine weitere Möglichkeit zur Verkleinerung des Skalenwertes gegeben. Die Autokolli-

Abb. 53. Autokollimationsfernrohr
(Leitz, Wetzlar)

mationsfernrohre sind wie die Fluchtfernrohre besonders zur Prüfung von Führungen zu empfehlen. Weitere Einsatzmöglichkeiten folgen in Abschn. 4.

In Verbindung mit Teilkreisen werden Fernrohre auch zur Messung großer Winkel verwendet. Winkelmeßgeräte dieser Art sind die Theodolite. Das Fernrohr ist um eine waagerechte und um eine senkrechte Achse schwenkbar, die mit zwei Teilkreisen verbunden sind. Zur Ausschaltung der durch die Außermittigkeit der Teilkreise bedingten Fehler (s. Abschn. 3.11) erfolgen die Ablesungen mittels zweier um 180° versetzten Nonien oder Ablesemikroskope.

Bei neueren Ausführungen kann man unmittelbar das Mittel aus jenen beiden Anzeigen ablesen. Abb. 54 zeigt einen Theodoliten, bei dem die optische Übertragung beider Kreisteilungen in ein parallel zum Zielfernrohr angeordnetes Mikroskop erfolgt. Der Skalenwert der Feinteilung beträgt 2 Sekunden bzw. 2 Neusekunden.

Dieses vor allem zur Landvermessung benutzte Gerät wird auch im Maschinenbau zur Winkelmessung verwendet. Eine Einrichtung zur Messung von Teilungen im Winkelmaß ist in Abb. 55 dargestellt. Der Prüfling (Zahnrad, Rastenscheibe) wird nacheinander mit seinen Flanken gegen einen (ausschwenkbaren) Anschlag oder Feinzeiger bewegt, bis dieser jedesmal dieselbe Anzeige hat. Ein auf den Prüfling aufgesetzter Theodolit wird nach jedem Weiterdrehen um eine Teilung auf ein unendlich fernes Ziel (Kollimatorfadenkreuz) eingestellt. Aus der Differenz der Teil-

Abb. 54. Theodolit (VEB Präzisionsmechanik Freiberg)

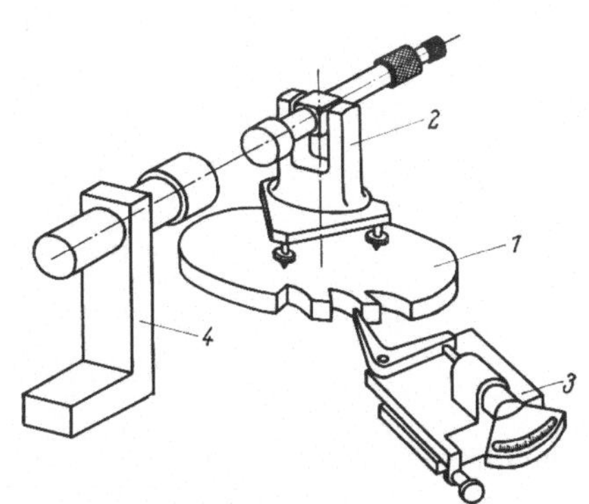

Abb. 55. Winkelmessung mit Theodolit und Kollimator
1 Prüfling; *2* Theodolit; *3* ausschwenkbarer Feinzeiger; *4* Kollimator

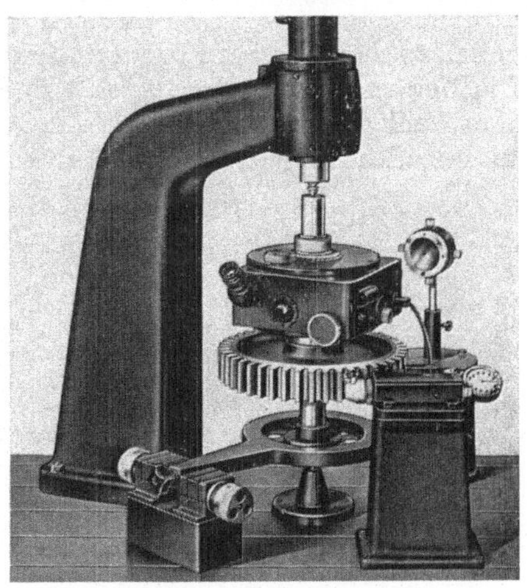

Abb. 56. Winkelteilungsmeßgerät
(Jenoptik GmbH., Jena)

kreisablesungen ergibt sich die Größe der Teilung in Winkeleinheiten. Der Theodolit braucht dabei nicht mittig zum Prüfling zu stehen, da durch den Kollimator ein unendlich fernes Ziel verkörpert wird, das einem Teilkreisradius $R = \infty$ entspricht (s. Abschn. 3.11).

Zu beachten ist aber, daß die Achsen von Prüfling und Teilkreis parallel verlaufen, da sonst ein Pyramidalfehler der Größe

$$\Delta \alpha = - \frac{\varphi^2}{4} \sin 2\alpha$$

auftritt (vgl. Abschn. 3.131).

Statt eines Fernrohres, wie es im Theodoliten verwendet wird, ist bei dem Winkelteilungsmeßgerät nach Abb. 56 ein Autokollimationsfernrohr eingebaut (Grundprinzip nach Abb. 51c).

Das Ausrichten erfolgt durch Einfangen eines am mitgelieferten Autokollimationsspiegel (der gut ortsfest und schwingungsfrei in der Nähe des Gerätes aufzustellen ist) reflektierten Strichbildes mit der im Ableseokular befindlichen Doppelstrichmarke. Weiterhin wird der fest mit der Aufnahmebuchse verbundene Glasteilkreis im Ableseokular mit zwei diametral gegenüberliegenden Stellen (Koinzidenzablesung) abgebildet (Skw 10′). Die Einerminuten und die Sekunden sind in einem im Gesichtsfeld daneben befindlichen Fenster ablesbar. Der Anzeigebereich ist für den Glasteilkreis $0 \cdots 360°$, für die Feinskale $0 \cdots 10′$.

Das Gerät ist zum Einstellen von Winkelwerten beim Bearbeiten von Teil- und Rastenscheiben, im Einzelteilverfahren herzustellender Zahnräder usw. und zum Prüfen dieser zu verwenden. Außerdem können mit ihm gröbere Winkelmeßgeräte, wie Teilköpfe, Rundtische u. ä., geprüft werden. Zur Messung von Rastenscheiben und Zahnrädern ist als Zubehör ein ausschwenkbarer Kugelanschlag mit Feinzeiger vorhanden, der es ermöglicht, Abweichungen in der Teilung auch als Längenmaß abzulesen.

3.26 Reflexionsgoniometer

Eine weitere Meßeinrichtung unter Verwendung von Fernrohr und Teilkreis ist das Reflexionsgoniometer nach Abb. 57. Es wird zu Winkelmessungen von meist prismatischen Körpern benutzt, deren Meßflächen gut eben und poliert sein müssen. Die Messung beruht darauf, daß die beiden Flächen des Prismas, das auf einem mit dem Teilkreis verbundenen Tisch steht, nacheinander in dieselbe räumliche Lage zu einer Marke gebracht werden, die durch einen Lichtstrahl geliefert wird. Dazu

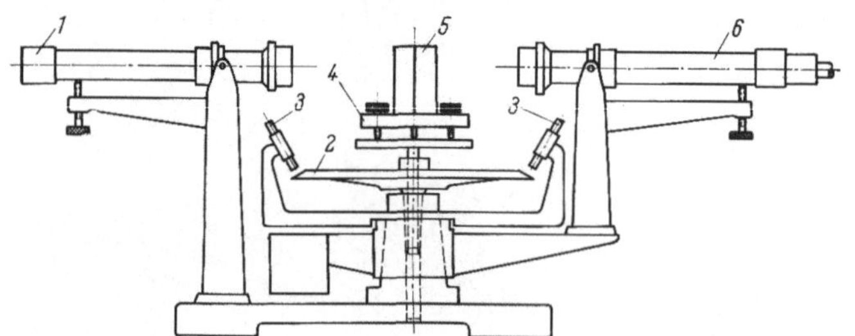

Abb. 57. Reflexionsgoniometer
1 Kollimator; 2 Teilkreis; 3 Ablesemikroskope; 4 Nivelliertisch;
5 Prüfling (Prisma); 6 Fernrohr

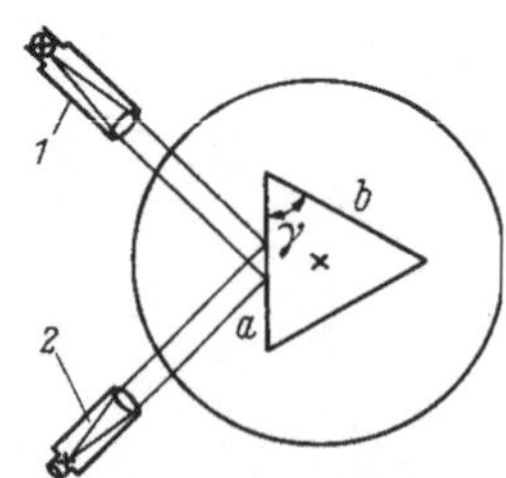

Abb. 58. Meßprinzip des
Reflexionsgoniometers
1 Kollimator; 2 Fernrohr

wird das Prisma so gedreht, daß die von einer feststehenden Lichtquelle kommenden Strahlen von seiner Fläche a in das Fernrohr reflektiert werden (Abb. 58); hierauf wird es so gedreht, daß die Fläche b in bezug auf die Richtung an die Stelle von a tritt, was in derselben Weise wie vordem beobachtet wird. Der Prismenwinkel γ ist das Supplement zu dem am Teilkreis durch zwei um $180°$ versetzt angeordnete Mikroskope abgelesenen Drehwinkel (s. Abschn. 3.11). Um eine einwandfreie Messung zu ermöglichen, beobachtet man im parallelen Licht. Deshalb benutzt man als Lichtquelle einen beleuchteten Spalt (oder ein Fadenkreuz), der im Brennpunkt des Objektivs des Kollimators *1* liegt. Aus diesem treten die Lichtstrahlen parallel aus, werden an der Prismenfläche reflektiert und gelangen so in das auf unendlich eingestellte Beobachtungsfernrohr *2*, in dessen Bildebene ein Bild des Spaltes entsteht. Das Prisma wird durch die Feinverstellung des Teilkreises so lange gedreht, bis das Spaltbild in seiner Längsrichtung gerade durch den in der Bildebene befindlichen Faden halbiert wird. Anstelle von Kollimator und Fernrohr kann selbstverständlich auch ein Autokollimationsfernrohr treten.

Auch hier ist dafür zu sorgen, daß der Pyramidalfehler vermieden wird; d. h., die Scheitelkante des Winkels muß parallel zur Teilkreisachse und die Fernrohrachse senkrecht dazu stehen. Um dies zu erreichen, ersetzt man das Prisma durch eine Planparallelplatte A, z. B. ein Endmaß (Abb. 59), die auf den Nivelliertisch aufgesetzt wird. Diese Planparallelplatte wird mit dem Autokollimationsfernrohr anvisiert und das dort reflektierte Fadenkreuz eingefangen[1]. Damit ist aber noch nicht gewährleistet, daß die Platte senkrecht zur Fernrohrachse E steht. Dreht man den Teilkreis um 180°, so kommt die Planparallelplatte von der Lage B in die Lage B'; im allgemeinen wird man nun beobachten, daß das Spiegelbild des waagerechten Fadens nicht mit diesem selbst zusammenfällt. Man korrigiert nun die Hälfte der Abweichung durch Neigen des Fernrohres, das zu diesem Zwecke mit einer Schraube um eine horizontale Achse gekippt werden kann, die andere Hälfte durch entsprechende Neigung der Platte mit dem Nivelliertisch, wodurch beide in die zueinander senkrechten Lagen E und A kommen. Sicherheitshalber wird die Kontrolle nach Drehen der Platte um 180° wiederholt. Wenn keine Abweichung mehr beobachtet wird, steht die Fernrohrachse senkrecht zur Drehachse des Teilkreises. Nun stellt man das Prisma auf (Abb. 60), und zwar so, daß seine Fläche a senkrecht zur Verbindungslinie von 2 Nivellierschrauben a_1 und a_2 des Tisches steht. Nachdem man das Prisma mit dem Tisch gedreht hat, bis das Fadenkreuz in das Fernrohr zurückgeworfen wird, neigt man es durch Betätigung einer der Schrauben a_1 oder a_2 so lange, bis das Spiegelbild eingefangen ist. Darauf dreht man das Prisma, bis die Fläche b als reflektierende wirkt und justiert diese entsprechend durch Betätigung der dritten Schraube a_3, wodurch die Neigung der Fläche a zur Fernrohrachse nicht geändert wird. Zweckmäßig wird ihre Stellung anschließend nochmals beobachtet, und − wenn nötig − berichtigt.

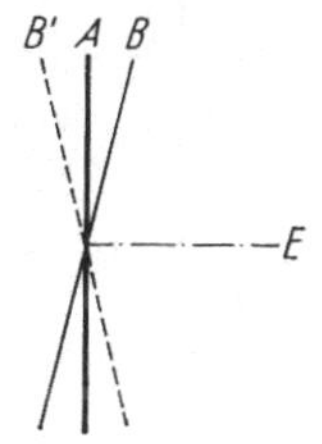

Abb. 59. Justierung von Prüfling und Fernrohr

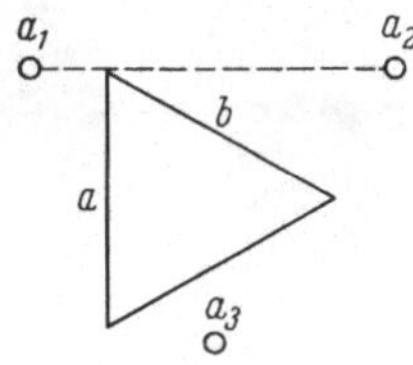

Abb. 60. Aufstellung des Prismas auf den Nivelliertisch

Die Unsicherheit der Messung hängt im wesentlichen von der Güte des Teilkreises ab; Außermittigkeitsfehler werden durch die Ablesung an zwei um 180° versetzten Stellen des Teilkreises ausgeschaltet. Bei einfacheren Goniometern lassen sich durch Nonien noch die Minuten bzw. die Zehntelminuten ablesen. Für sehr genaue Messungen, wie sie in der Optotechnik benötigt werden, verwendet man größere Teilkreise, bei denen mikroskopisch noch Zehntelsekunden abgelesen werden können. Allerdings ist dabei die Verwendung eines Autokollimationsfernrohres mit entsprechend kleinem Skw unbedingt erforderlich, um auch die Einstellfehler, wie sie beim Einfangen des Fadenkreuzes entstehen können, klein zu halten. Um von (nicht bekannten) Teilkreisteilungsfehlern möglichst frei zu werden, benutzt man zur Messung verschiedene Stellen des Teilkreises und nimmt aus den Beobachtungen das Mittel.

3.261 Messung mit Teilkreis und Richtwaage. Ist man im Besitze eines Teilkreises, wie er z. B. für die Untersuchung von Teilköpfen benötigt wird, so kann man die Winkelmessung von Prismen ohne gut reflektierende Flächen auch unter Verwendung einer Richtwaage mit genügend kleinem Skw durchführen. In Abb. 61 ist eine derartige Meßeinrichtung gezeigt. Der Teilkreis sitzt auf einer waagerechten Welle, die möglichst mit einer Vorrichtung zur Feinverstellung ausgerüstet ist. Der zu untersuchende Prüfling wird so an der Scheibe befestigt, daß die Schnittkante der beiden den Winkel einschließenden Flächen parallel zur Achse liegt. Hierauf dreht

---

[1] Dazu kann auch Kollimator und Fernrohr verwendet werden (Abb. 58).

man die Scheibe so, daß die eine Prismenfläche a waagerecht steht, was mit der Richtwaage kontrolliert wird, und liest die Teilkreisstellung ab. Dann dreht man die Scheibe so, daß jetzt die Prismenfläche b in die gleiche räumliche Richtung wie vorher die Fläche a zu stehen kommt, was wieder mit Hilfe der Richtwaage festzustellen ist. Um sicher zu sein, daß nicht der Beobachtungstisch seine Neigung geändert hat, bringt man auch an diesem eine zweite Richtwaage mit

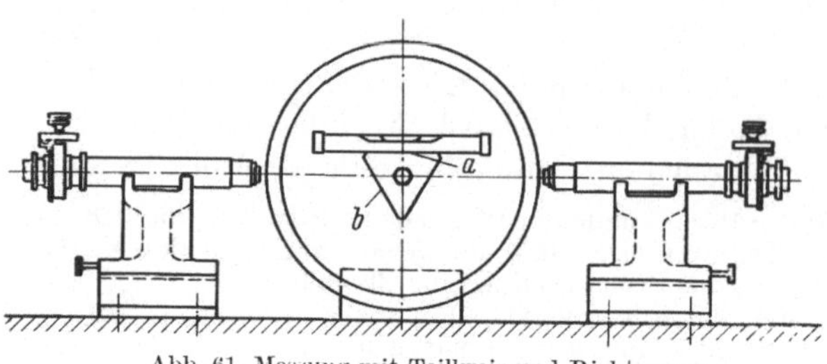

Abb. 61. Messung mit Teilkreis und Richtwaage

entsprechend kleinem Skw an[1]. Auch bei diesem Verfahren kann man zur Verringerung der Fehler die Messung unter Benutzung anderer Stellen der Teilkreisscheibe wiederholen. Das geschilderte Verfahren der Winkelbestimmung mit der Richtwaage ist auch zur Prüfung von Anlegegoniometern gut geeignet. Man befestigt sie dazu auf der Teilscheibe und setzt die Richtwaage auf den sonst beweglichen Schenkel, um sicher zu sein, daß er seine Lage während des Versuches unverändert beibehält. Man dreht dann den Teilkreis so, daß die Ablesemarke nacheinander auf die einzelnen Teilstriche zu stehen kommt und bestimmt deren etwaige Fehler aus den Beobachtungen an der Teilscheibe.

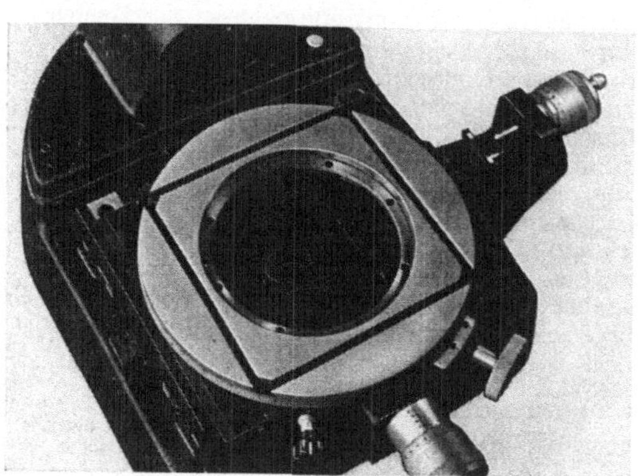

Abb. 62. Rundtisch am Werkzeugmikroskop
(Jenoptik GmbH., Jena)

Abb. 63. Optischer Rundtisch für Universalmeßmikroskop
(Jenoptik GmbH., Jena)

3.27 Rundtische

In der Praxis erfolgt die Messung von Winkeln meist mit Rundtischen. Dabei wird der Prüfling, der möglichst in der Mitte des mit einer Kreisteilung versehenen Rundtisches liegt, unter dem Mikroskop gedreht und die Drehung des Rundtisches abgelesen. An den gebräuchlichen Werkzeugmikroskopen befinden sich meist mechanische Rundtische mit $1/_{10}$° Nonienablesung (Abb. 62). Für genauere Messungen verwendet man optische Rundtische. Der für das Universalmeßmikroskop bestimmte (Abb. 63) besitzt einen Glasteilkreis mit Gradteilung. Im Gesichtsfeld des Beobachtungsmikroskopes befindet sich eine Hilfsteilung mit einem Skw von 30''.

---

[1] Bei Prüflingen mit spiegelnden Flächen kann die Beobachtung mittels AKF erfolgen. Die Anordnung entspricht dann einem Goniometer mit waagerechter Achse.

Bei der Messung von Winkeln sind Rundtisch und Prüfling sehr sorgfältig zu zentrieren, da Außermittigkeiten die bekannten Fehler (s. Abschn. 3.11) bewirken.

Häufiger ist die Verwendung von Rundtischen zum Einstellen von Winkeln an Bearbeitungsmaschinen. Neben mechanischen und vorher erwähnten optischen werden für Präzisionsarbeiten, z. B. an Lehrenbohrwerken, auch optische Rundtische mit Projektionsablesung angewendet (Abb. 64). Der Skw der optischen und Projektionsrundtische beträgt 1″ bis 5″. Die Unsicherheit der Geräte liegt bei $\pm 3''$ bis 20″. Bei dem zu einem Lehrenbohrwerk gehörenden Projektionsrundtisch nach Abb. 64 ist die Gradteilung auf einer hochglanzpolierten Hartchromschicht aufgebracht. Zur Einstellung des gewünschten Winkelwertes werden zunächst an der drehbaren Minuten- und Sekundenskale im unteren Teil des Gesichtsfeldes die Einerminuten und Sekunden eingestellt und daraufhin durch eine Feinverstellung der außerhalb der Mattscheibe ablesbare Gradstrich der Kreisteilung mit der gewünschten Marke der Zehnerminutenteilung zur Übereinstimmung gebracht. Der in Abb. 65 dargestellte Projektionsrundtisch mit 600 bzw. 800 mm Tischdurchmesser besitzt ebenfalls einen Skw von 1″. Mit einem Rundlauffehler

Abb. 64. Rundtisch mit Projektionsablesung (Dixi S. A., Le Locle)

Abb. 65. Rundtisch mit Projektionsablesung (Hahn & Kolb, Stuttgart)

der Aufnahmebohrung von 1,5 µm beträgt jedoch der Teilungsfehler dieses Rundtisches bereits etwa 5″.

Bei Bohrarbeiten in Polarkoordinaten ist gleichfalls dafür zu sorgen, daß der Rundtisch zur Bohrspindelachse mittig steht. Das läßt sich mit einem Zentriermikroskop (Abb. 66) kontrollieren. Da an den Rundtischen meist nur eine einfache Ablesung vorgesehen ist, müssen die Teilkreise ebenfalls sorgfältig zentriert sein. Bei einem Teilkreisradius von $R = 100$ mm wird der maximale Winkelfehler bei einer Außermittigkeit $e = 5$ µm bereits 20″.

Abb. 66. Zentriermikroskop
(Zeiss, Oberkochen)

3.28 Winkelaufspanntische

Winkelaufspanntische finden ebenfalls zur Einstellung bestimmter Winkel an Bearbeitungsmaschinen Verwendung. Abb. 67 zeigt einen solchen mit optischer Ablesung und einem Skw von 1'. Der Tisch ist nach jeder Seite um 45° schwenkbar.

Einfache Aufspanntische, die meist nur eine Gradteilung mit 10' Nonius besitzen, sowie

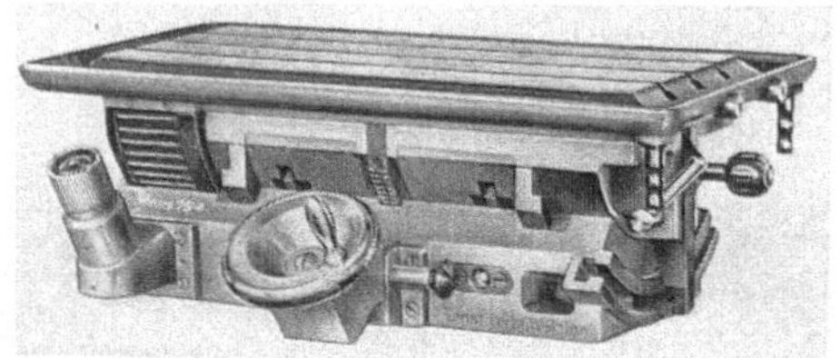

Abb. 67. Winkelaufspanntisch (Leitz, Wetzlar)

schwenkbare Tische an Bearbeitungsmaschinen lassen sich mit höherer Sicherheit bei Verwendung des in Abb. 68 dargestellten Winkelmeßtisches einstellen. Der Winkel. den die um $\pm 90°$ schwenkbare Meßfläche mit der Grundfläche bildet, wird mit dem Beobachtungsmikroskop an dem eingebauten Glasteilkreis abgelesen (Skw der Hilfsteilung 1'). Mit dem eingestellten Winkelmeßtisch wird der Aufspanntisch so lange

Abb. 68. Winkelmeßtisch (Miller, Innsbruck)

Abb. 69. Optische Winkelmeßuhr (Miller, Innsbruck)

verstellt, bis beim Verschieben des Aufspanntisches die Anzeige eines gegen die Meßfläche des Winkelmeßtisches gestellten Feinzeigers sich nicht ändert. Durch einen aufsetzbaren Kreuzschlitten mit Anreißspitze wird die Anwendbarkeit des Gerätes noch erhöht.

In diesem Zusammenhang sei auch die optische Winkelmeßuhr nach Abb. 69 erwähnt, die zum Einstellen von Winkeln an vertikal schwenkbaren Spindelköpfen und Supporten dient. Das Gerät wird entweder mit einem kegeligen Aufnahmeschaft anstelle des Werkzeuges im Spindelkopf befestigt oder mit einer Montageplatte an einer sich mitdrehenden Fläche angebracht. Soll der Spindelkopf um einen bestimmten Winkel gedreht werden, so wird zunächst das Meßgerät so eingestellt, daß die eingebaute Libelle (Skw 20″) in der Ausgangsstellung des Spindelkopfes einspielt. Danach wird die Winkelmeßuhr um den zu schwenkenden Winkel verstellt und der Spindelkopf wiederum bis zum Einspielen der Libelle gedreht. Der Skalenwert des Ablesemikroskopes mit Okularstrichplatte beträgt 1′. Die Einstellunsicherheit wird mit $\pm\,10''$ angegeben. Auch hier muß allerdings dafür gesorgt werden, daß zur Vermeidung größerer Fehler die Drehachse des Gerätes parallel zur Drehachse des Supportes steht, was mit einem eingebauten Fernrohr kontrolliert werden kann.

3.29 Teilköpfe

Zur Herstellung von Zahnrädern, Rastenscheiben und anderen gleichmäßig geteilten Rundkörpern im Teilverfahren benutzt man für die Einstellung der Teilungen vorwiegend Teilköpfe.

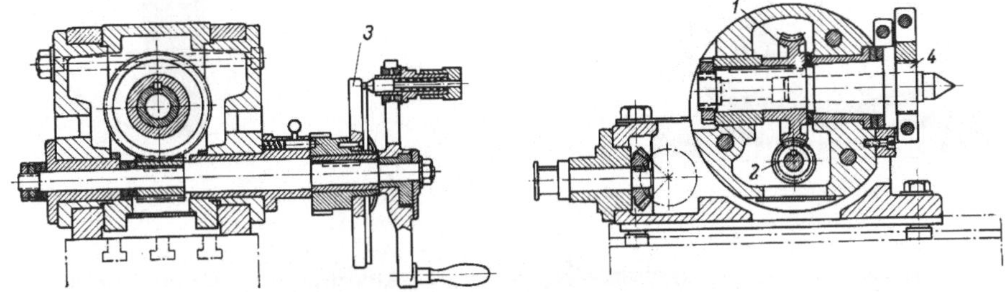

Abb. 70. Mechanischer Teilkopf
1 Schneckenrad; *2* Schnecke; *3* Lochscheibe; *4* Teilkopfspindel

Bei den mechanischen Teilköpfen (Abb. 70) wird der gewünschte Winkel durch die mit einer Kurbel drehbare Schnecke *2* eingestellt, die das Schneckenrad *1* und damit die Teilkopfspindel *4* dreht. Das Übersetzungsverhältnis ist dabei so gewählt, daß eine volle Umdrehung der Kurbel $^1/_{40}$ Umdrehung der Spindel bewirkt. Entsprechende andere Teilungen lassen sich dadurch einstellen, daß man nicht um ganze Kurbelumdrehungen, sondern um Bruchteile hiervon weiterdreht; diese werden, und zwar stets gleichbleibend, dadurch gesichert, daß die Kurbel mittels einer federnden Rast auf bestimmte Löcher der Lochscheibe *3* eingestellt wird[1].

Fehler bei der Einstellung der gewünschten Winkel werden hervorgerufen durch Fehler der Lochscheibe, der Schnecke und des Schneckenrades sowie bei Differentialteilköpfen durch fehlerhafte Wechselräder. Die Fehler mechanischer Teilköpfe betragen 0,5′ bis 3′.

Das Schema eines mechanischen Teilkopfes, bei dem die Differentialteilung ohne Verwendung von Wechselrädern erfolgt, zeigt Abb. 71.

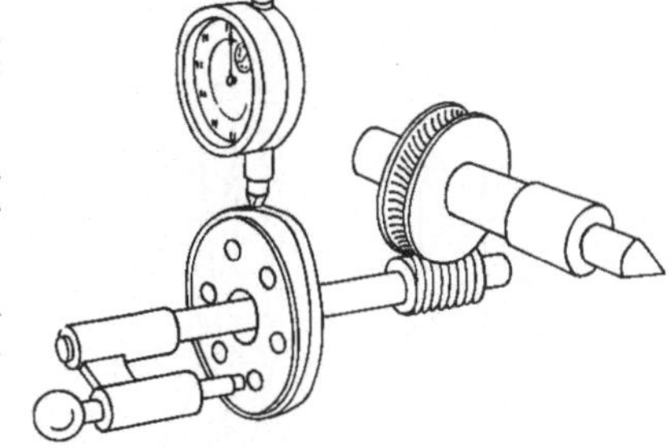

Abb. 71. Mechanischer Teilkopf
(Hommelwerke, Mannheim)

Eine Umdrehung der Schnecke entspricht einer Spindeldrehung von 6°. Eine Lochscheibe mit 6 Löchern ermöglicht die Einstellung von Grad zu Grad. Die

---

[1] Näheres s. Werkstattbuch Heft 6: POCKRANDT, Teilkopfarbeiten.

Zwischenwerte erhält man durch Verwendung einer archimedischen Spirale, deren Radialausschlag von einer Meßuhr (Skw 12″) angezeigt wird. Die Fehler dieses Teilkopfes werden zu ± 6″ angegeben.

Ein großer Teil der Fehler, die bei mechanischen Teilköpfen durch die Übertragungsglieder hervorgerufen werden, entfallen bei Verwendung optischer Teilköpfe. Bei der in Abb. 72 gezeigten

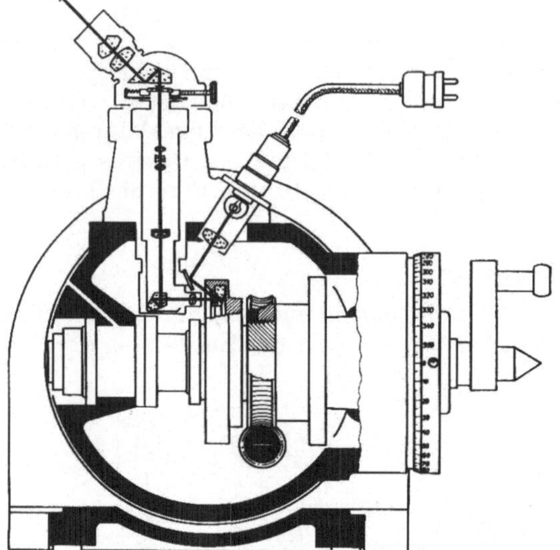
Abb. 72. Optischer Teilkopf (Jenoptik GmbH., Jena)

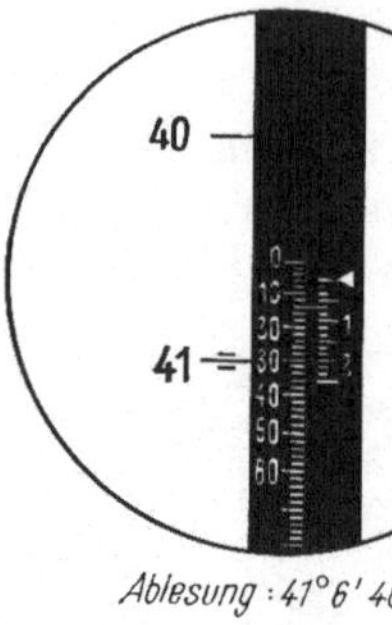

Ablesung : 41° 6′ 40″

Abb. 73. Gesichtsfeld des optischen Teilkopfes

Ausführung erfolgt die Einstellung des Winkels nach einem Glasteilkreis mit Gradteilung, die durch ein Mikroskop beobachtet wird. In der Bildebene des Mikroskops ist eine Minutenskale angebracht sowie ein Nonius, der Ablesung auf 10″ ermöglicht (Abb. 73). Die ausschwenkbare Schnecke dient hier *nur zur Feinverstellung*. Da keine Abnutzung der Meßorgane auftritt, ist eine gleichbleibende Genauigkeit des Teilkopfes gewährleistet. Eine Vorwähleinrichtung gestattet die Einstellung der Minuten und Sekunden der folgenden Teilung während des Bearbeitungsganges. Die Unsicherheit beim Messen und Schleifen wird mit höchstens

$$\pm\left(10 + 10 \cdot \sin \frac{\alpha}{2}\right)'',\ \text{beim Fräsen}$$

$$\text{mit } \pm\left(20 + 10 \cdot \sin \frac{\alpha}{2}\right)''\ \text{angege-}$$

ben, wobei α der Winkelunter-

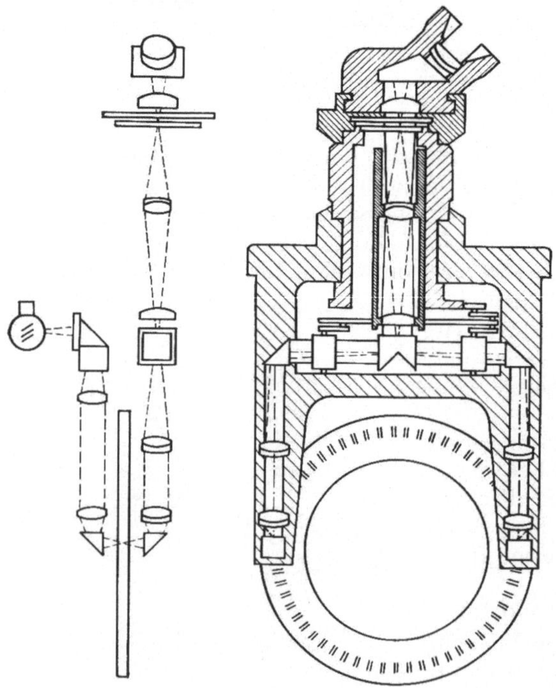
Abb. 74. Optischer Teilkopf (Leitz, Wetzlar)

schied zweier Teilungen in Grad ist. Außerdem ist Bedingung, daß die Werkstücke oder Prüflinge sorgfältig zentriert sind.

Ursachen systematischer Fehler: ungleichmäßige Teilung und Außermittigkeit des Glasteilkreises. Ihr Einfluß wird beim optischen Teilkopf nach Abb. 74 durch eine Doppelablesung ausgeschaltet. Skalenwert der Feinteilung 2''. Dieser, ebenfalls mit Vorwählung der Minuten und Sekunden ausgestattete Teilkopf, besitzt eine Einstellunsicherheit von $\pm 1''$ bis $1,5''$ und eine Arbeitsunsicherheit von

$$\pm\left[2 + \frac{200}{R}\sin\frac{\alpha}{2}\left(1 + \frac{A}{200}\right)\right]'' \quad (R = \text{Radius des Teilkreises am Werkstück in mm,}$$

α = Teilwinkel, A = Abstand Teilungsfläche — Spindelstirnfläche in mm).

Der optische Teilkopf der Fa. Coventry Gauge hat gegenüber den bisher erwähnten Ausführungen noch den Vorteil der Ablesung am Projektionsbild, bei dem neben der Gradeinteilung des Glasteilkreises eine Hilfsteilung erscheint, die einen Skw von 12'' hat, wobei die Zehntelskalenteile noch geschätzt werden können.

Optische Teilköpfe werden auch zur Herstellung von Kreisteilungen und zur Prüfung von Zahnrädern und Rastenscheiben benutzt, wobei ihre Fehler selbstverständlich so klein sein müssen, daß sie gegenüber den Anforderungen an die Werkstücke zu vernachlässigen sind. Speziell für Meßzwecke wird der Spitzenbock mit Teilkreis als Zusatzeinrichtung am Universalmeßmikroskop benutzt. Der optische Aufbau entspricht im Prinzip dem der optischen Teilköpfe. Der Skw beträgt 1'.

4 Beispiele für Winkelmessungen
4.1 Prüfen der Meßzeuge
4.11 Prüfung von 90°-Winkeln

Auf Grund der in Abschn. 3.132.1 angegebenen Anforderungen, die nach DIN 875 an die 90°-Stahlwinkel gestellt werden, müssen diese einer sorgfältigen mit geringer Unsicherheit behafteten Prüfung unterzogen werden. Der 90°-Stahlwinkel wird am einfachsten durch Vergleich mit einem Normal geprüft. Man stellt sie dazu beide auf eine gut ebene Tuschierplatte, mit ihren senkrechten Schenkeln gegeneinander. und beobachtet, ob zwischen ihnen ein Lichtspalt auftritt. Um sicher zu sein, daß nicht Normal und Prüfling etwa entgegengesetzt gleiche Fehler haben, verwendet man 3 Stahlwinkel a, b und c in den Kombinationen ab, bc, ca. Zeigt sich in allen drei Fällen kein Lichtspalt, so kann man die untersuchten Winkel innerhalb einer Unsicherheit von etwa $\pm 5\,\mu$m, bezogen auf die Schenkellänge, als rechtwinklig ansehen.

Ein gutes Winkelnormal läßt sich dadurch herstellen, daß man die Stirnflächen eines sorgfältig geschliffenen schweren Zylinders möglichst senkrecht zum Mantel justiert und ihn auf die Tuschierplatte stellt. Man schiebt den zu prüfenden Winkel von beiden Seiten an die Säule heran. Ist in den beiden Lagen a und b (Abb. 75a) kein Lichtspalt zu erkennen, so sind sowohl der Prüfling als auch die Säule zur Grundfläche innerhalb der durch die Lichtspaltprüfung hervorgerufenen Unsicherheit rechtwinklig. Sind verschieden große Lichtspalte zu erkennen, so läßt sich der Fehler des Prüflings durch Ausfühlen der Lichtspalte mit Endmaßen oder auch mit Meßdornen auf beiden Seiten gemäß Abb. 75b mit ausreichender Unsicherheit wie folgt bestimmen.

$$-(\Delta\varphi_a - \alpha) \approx \frac{d_1 - d}{L - \dfrac{d}{2}},$$

$$-(\Delta\varphi_a + \alpha) \approx \frac{d_2 - d}{L - \dfrac{d}{2}},$$

$$\Delta\varphi_a \approx \frac{2d - (d_2 + d_1)}{2\left(L - \dfrac{d}{2}\right)}. \tag{35}$$

Durch die beiderseitige Messung kann die Schiefstellung α des Prüfzylinders ausgeschaltet werden.

Beim Ausfühlen mit Endmaßen muß man mit einer Unsicherheit von etwa $\pm 3\,\mu\mathrm{m}$ auf 100 mm Länge rechnen. Da diese Meßunsicherheit gegenüber den zu-

lässigen Abweichungen bei Werkstattwinkeln klein ist, lassen sich diese ohne weiteres nach dem angegebenen Verfahren prüfen. Wegen des starken Einflusses der Reibung bei der Prüfung mit Endmaßen führt man die Kontrolle besser

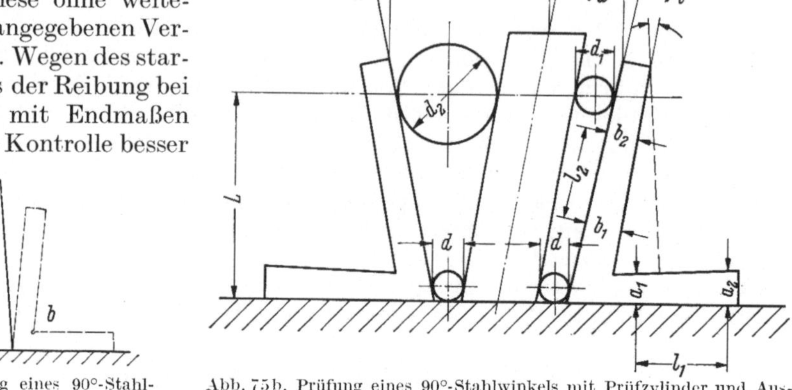

Abb. 75a. Prüfung eines 90°-Stahl-winkels mit Prüfzylinder

Abb. 75b. Prüfung eines 90°-Stahlwinkels mit Prüfzylinder und Aus-fühlen der Lichtspalte mit Meßdornen

mit einem Feinzeiger in Verbindung mit einer geeigneten Vorrichtung aus. Für Massenprüfungen läßt sich eine ähnliche Vorrichtung, wie in Abb. 76 skizziert, leicht selbst herstellen. Eine derartige Vorrichtung besteht aus einem kräftigen Winkel-

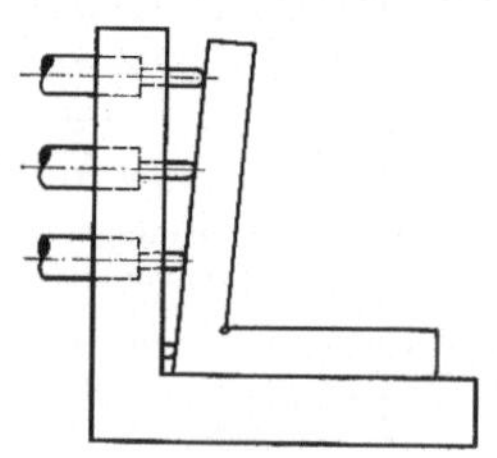

Abb. 76. Winkelprüfvorrichtung für Massenfertigung

stück, dessen obere waagerechte Fläche sorgfältig eben geschliffen ist. In seinem senkrechten Schenkel sind ein oder mehrere Feinzeiger einstellbar angeordnet. Mit Hilfe eines bekannten Normals, das gegen einen kuglig abgerundeten Anschlag mit bestimmter Meßkraft angelegt wird, werden die Feinzeiger eingestellt. Die Anzeige beim Anstellen des Normals entspricht dann einem 90°-Winkel. Unter Umständen muß diese Anzeige noch mit dem Fehler des Normals korrigiert werden. Wird nun das Normal gegen den Prüfling vertauscht, so entsprechen die Anzeigeänderungen dem Fehler des Prüflings. Diese Vorrichtung ist besonders zur Massenprüfung von Stahlwinkeln gleicher Ausführung geeignet, da dann alle Korrektionen wegen etwaiger Abbiegung fortfallen. Die Unsicherheit der Anzeigen beim Vergleich kann man zu etwa $\pm 1\,\mu\mathrm{m}$ ansetzen, wozu noch der i. a. nicht bekannte Fehler des Normals kommt, den man aber durch sorgfältige (optische) Messung bei geeigneter Ausbildung (polierte Meßflächen) genügend sicher zu bestimmen vermag. Bei entsprechender Ausbildung kann man eine solche Vorrichtung auch zum Vergleich von Prüflingen mit beliebigen Winkeln gegen ein geeignetes Normal benutzen, ein Verfahren, das besonders in der Optik viel gebraucht wird.

Eine andere Art der Winkelprüfung nach dem Lichtspaltverfahren ist in Abb. 77 wiedergegeben. Dabei wird eine in Meßrichtung pendelnd aufgehängte Säule mit einer Meßschraube (gegen die Kraft einer Feder) so zu dem auf der Auflageleiste aufgestellten Prüfling ausgerichtet, daß zwischen beiden kein Lichtspalt mehr zu erkennen ist. Nach Umsetzen des Stahlwinkels auf die andere Auflageleiste kann sein doppelter Winkelfehler als Lageunterschied zwischen Säule und Prüfling mit der Meßschraube gemessen werden. Voraussetzung dazu ist, daß die Auflageleisten parallel zueinander liegen und die Säule ein Zylinder ist. Während die Leisten mit einer guten Libelle bis auf etwa $\pm\,2''$ parallel ausgerichtet werden können, müssen etwaige Abweichungen der Säule vom Zylinder in Rechnung gesetzt werden. Bei dieser Messung ist die Differenz der beiden Einstellungen der Meßschraube bis zum jeweiligen Verschwinden des Lichtspaltes, bezogen auf den Abstand des Berührungspunktes der Meßspindel an der Säule und ihrem Drehpunkt, ein Maß für den doppelten Winkelfehler.

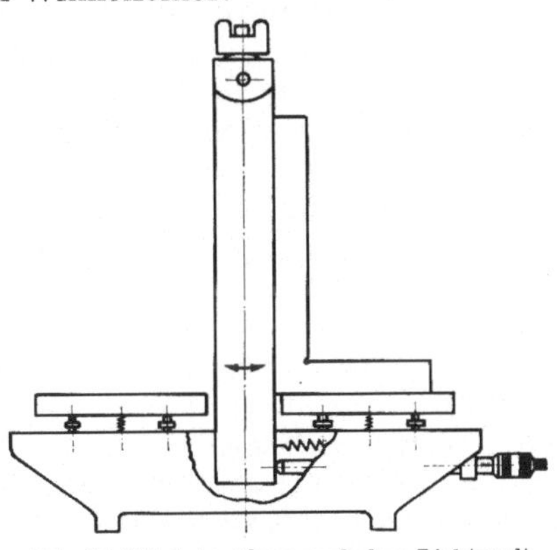

Abb. 77. Winkelprüfung nach dem Lichtspaltverfahren

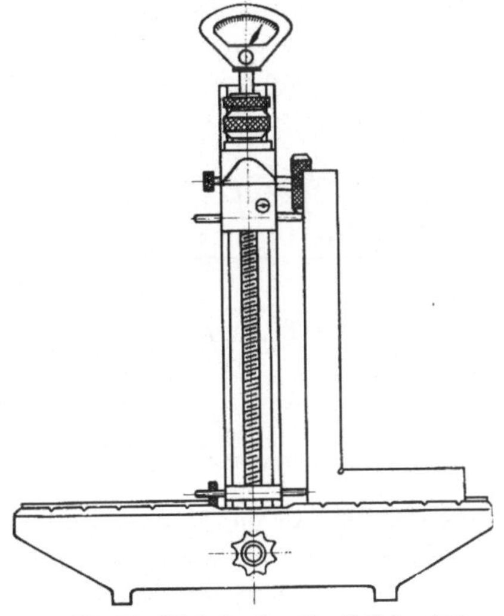

Abb. 78. Winkelmeßgerät mit Feinzeiger (VEB Feinmeß, Suhl)

Das mit einem Feinzeiger ausgestattete Winkelmeßgerät nach Abb. 78 besteht aus einem schmalen gußeisernen Sockel mit einer gehärteten und justierten Auflageplatte, weiterhin aus einem an jenem befestigten Ständer mit zwei verstellbar angeordneten Schiebern, die einen durchgehenden Bolzen aufnehmen. Der untere Anschlagbolzen steht fest in seinem Schieber; der obere Meßbolzen wirkt auf einen Feinzeiger und kann von der rechtsfedernden auf die linksfedernde Anlage umgeschaltet werden.

Der Prüfling wird auf eine der beiden Auflageleisten gebracht und gegen den unten befindlichen festen Anschlag geschoben. Der andere Schieber wird so eingestellt, daß sich der Meßbolzen nacheinander in verschiedenen Höhen gegen den senkrechten Winkelschenkel legt; dabei wird jedesmal am Feinzeiger eine Anzeige a beobachtet. Nach entsprechendem Umsetzen des Prüflings auf die andere Auflageleiste erhält man die Anzeige b. Dabei hat sich der Meßbolzen zu seiner ersten Lage um $b - a$ verschoben. Der Winkelfehler $\Delta\varphi$ ergibt sich dann aus

$$\Delta\varphi = \frac{b - a}{2l}, \tag{36}$$

wobei l der senkrechte Abstand der beiden Anlagepunkte ist. Die Gleichung gilt nur unter der Voraussetzung, daß beide Bolzen gleiche Länge haben und die beiden Auflageleisten parallel zueinander sind. Um einen Fehler in der Unparallelität der beiden Auflageleisten auszuschalten, wäre besser, mindestens eine Auflageleiste justierbar anzuordnen, so daß man mit einer Richtwaage mit ausreichend kleinem Skalenwert die Parallellage beider Auflageleisten prüfen kann.

Ist der Fehler des Außenwinkels bekannt, so ist der des Innenwinkels leicht zu ermitteln, indem man die Unparallelität der Hochkantflächen mit einer Feinzeigermeßschraube bestimmt und diese Beträge auf den Winkelfehler umrechnet.

Nach Abb. 75b wird danach der Fehler des Innenwinkels

$$\Delta \varphi_i = \Delta \varphi_a + \frac{(b_1 - b_2)}{l_2} + \frac{(a_1 - a_2)}{l_1}. \tag{37}$$

Mit geringer Unsicherheit läßt sich auch eine Messung des 90°-Innenwinkels mit Hilfe eines Autokollimationsfernrohres durchführen (Abb. 79). Bedingung für eine derartige Messung ist, daß die Meßflächen als Reflexionsflächen verwendet werden können, also sehr gut eben und poliert sein müssen. Ist diese Voraussetzung nicht gegeben, so kann man — wie z. B. bei 90°-Stahlwinkeln — an die Innenflächen zwei gute Parallelendmaße anklemmen, die dann als Reflexionsflächen dienen. Das aus dem Autokollimationsfernrohr austretende Lichtbündel wird in sich zurückgeworfen, wenn ein 90°-Winkel vorhanden ist, so daß man im Gesichtsfeld nur ein Bild des Fadenkreuzes sieht. Bei einer Abweichung $\Delta \varphi$ des Winkels von 90° erscheint ein Doppelbild, des-

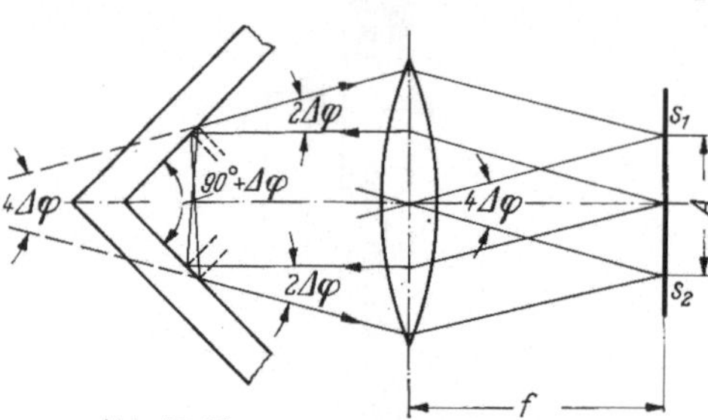

Abb. 79. Messung von 90°-Innenwinkeln mit Autokollimationsfernrohr

sen Abstand A dem vierfachen Winkelfehler entspricht. Der Skalenwert des Autokollimationsfernrohres, der normalerweise für die Reflexion an einer einfachen Fläche angegeben wird, ist deshalb für diese Messung nochmals zu halbieren. Nach dieser Methode können auch leicht die Winkelfehler von 90°-Glasprismen bestimmt werden.

Die Einhaltung der in DIN 875 gestellten Anforderungen an die Ebenheit der Hochkant- und Seitenflächen von 90°-Stahlwinkeln läßt sich am einfachsten mit Haarlinealen unter Benutzung des Lichtspaltverfahrens prüfen. Bei vorhandenem Lichtspalt ist durch Verschieben des Haarlineals festzustellen, ob der Fehler am Lineal oder am Stahlwinkel liegt, da der Lichtspalt bei Bewegung des fehlerhaften Stückes mit diesem mitwandert.

Zahlenmäßige Werte erhält man, wenn man ein Lineal mit bekannten Fehlern und den Prüfling unter Zwischenbringen von Endmaßen an ihren Enden gegeneinander legt und den Abstand ihrer einander zugekehrten Flächen an verschiedenen Punkten mit Endmaßen ausfühlt oder mit einem Innenfeinzeiger ausmißt. Durchbiegungen durch das Eigengewicht und Aufbiegungen durch die Meßkraft sind — wenn nötig — in Rechnung zu setzen.

4.12 Prüfung von Teilköpfen

Im Gegensatz zu optischen Teilköpfen, deren Fehler praktisch durch die Güte des eingebauten Glasteilkreises gegeben ist, sind — wie in Abschn. 3.29 bereits erwähnt — die Fehler bei mechanischen Teilköpfen durch die Ungenauigkeiten sämtlicher Übertragungsglieder (Schnecke, Schneckenrad, Lochscheibe) bedingt.

Zu ihrer Bestimmung führt man am besten eine Funktionsprüfung durch. Dazu bringt man, wie in Abb. 80 gezeigt, auf die Spindel des Teilkopfes eine in $^1/_1{}^\circ$ geteilte Scheibe, die mittels eines Feinzeigers möglichst mittig ausgerichtet wird. Die Ablesung der Teilscheibe erfolgt mit einem Ablesemikroskop (mit Spiralokular oder Okularmeßschraube). Um eine etwa noch vorhandene Außermittigkeit auszuschalten, kann man auch zwei um 180° versetzte Ablesemikroskope anordnen (s. auch Abb. 61). Die Einrichtung kann so ausgeführt werden, daß der Skalenwert 1″ beträgt.

Auf einfache Weise lassen sich bei dieser Prüfung auch die Fehler der einzelnen Übertragungsglieder ermitteln. Für die Bestimmung der Fehler des Schneckenrades wird die Kurbel je einmal voll herumgedreht, wodurch sich die Teilscheibe um genau 9° drehen würde, falls der Teilkopf fehlerfrei wäre. Da die Raste jeweils in das gleiche Loch der Lochscheibe einrastet und sich auch das Schneckenrad wieder an die gleiche Stelle der Schnecke anlegt, erhält man dabei im wesentlichen die Fehler des Schneckenrades.

Das Protokoll einer mit zwei Mikroskopen ausgeführten Prüfung — zunächst für das Schneckenrad — ist in Tabelle 10 wiedergegeben. Die Differenz der Mittelwerte aus den Ablesungen der beiden um 180° gegenüberliegenden Mikroskope zum

Abb. 80. Teilkopfprüfung mit Winkelteilungsprüfgerät (Zeiss, Oberkochen)

Mittelwert bei Nullstellung des Teilkopfes entspricht der Fehlersumme bis zur jeweiligen Teilung. Der größte Summenfehler tritt zwischen 18° und 315° auf, wobei zwischen diesen beiden Stellungen der Spindel gegenüber dem Sollwert von 297° ein Teilungsfehler von $+60''$ vorhanden ist.

In entsprechender Weise werden die Fehler für eine Umdrehung der Schnecke bestimmt, wobei man dazu möglichst eine Stelle des Teilkopfes verwendet, bei der der Teilungssprung (Differenz zweier aufeinander folgender Teilungsfehler) des Schneckenrades 0 oder ein Minimum ist. Man dreht die Schnecke jeweils um $^1/_9$ Umdrehung (1° der Teilkopfspindel), wobei zu beachten ist, daß bei der Fehlerbestimmung die Fehler der Lochscheibe miterfaßt werden. Für den geprüften Teilkopf ergaben sich die in Tabelle 11 angegebenen Werte, wobei die Prüfung zwischen den Stellungen 225° und 234° der Teilkopfspindel durchgeführt wurde.

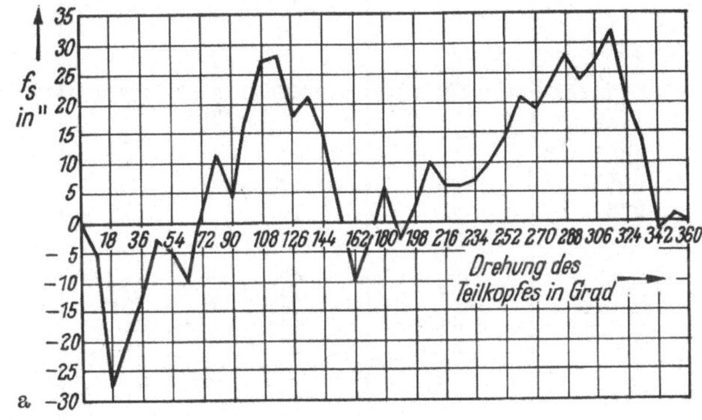

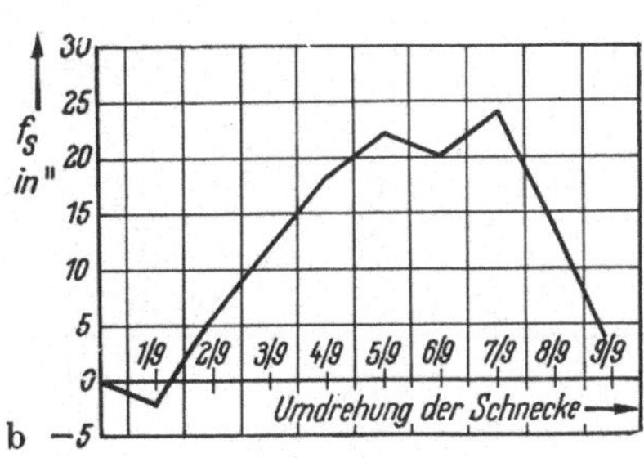

Abb. 81 a u. b Fehlerkurven von a) Tab. 10, b) Tab. 11

Der größte Summenfehler bei einer Umdrehung der Teilschnecke beträgt $26''$. Dieser Wert ist im ungünstigsten Falle zu dem größten Summenfehler des Schneckenrades hinzuzuzählen, so daß der größtmögliche Summenteilungsfehler $\approx 1{,}5'$ beträgt, ein Wert, der einen für mechanische Teilköpfe geringen Betrag darstellt. Da bei Drehung des Teilkopfes in entgegengesetzte Richtung andere Fehler auf-

Tabelle 10. *Prüfung eines mechanischen Teilkopfes (volle Umdrehungen der Schnecke)*

Drehung der Teilkopfspindel	Umdrehung der Schnecke	Ablesung in sek			Fehlersumme "	Teilungssprung "
		Mikr. I	Mikr. II	Mittel		
0°	0	38	38	38	0	
9°	1	31	33	32	− 6	− 6
18°	2	5	16	10	**−28**	−22
27°	3	10	25	18	−20	+ 8
36°	4	15	35	25	−13	+ 7
45°	5	25	45	35	− 3	+10
54°	6	23	43	33	− 5	− 2
63°	7	16	40	28	−10	− 5
72°	8	29	51	40	+ 2	+12
81°	9	38	60	49	+11	+ 9
90°	10	32	52	42	+ 4	− 7
99°	11	47	65	56	+18	+14
108°	12	47	63	55	+17	− 1
117°	13	62	71	66	+28	+11
126°	14	51	60	56	+18	−10
135°	15	57	61	59	+21	+ 3
144°	16	53	53	53	+15	− 6
153°	17	40	40	40	+ 2	−13
162°	18	30	26	28	−10	−12
171°	19	38	32	35	− 3	+ 7
180°	20	47	40	44	+ 6	+ 9
189°	21	40	30	35	− 3	− 9
198°	22	45	35	40	+ 2	+ 5
207°	23	55	40	48	+10	+ 8
216°	24	54	35	44	+ 6	− 4
225°	25	53	35	44	+ 6	0
234°	26	54	36	45	+ 7	+ 1
243°	27	58	38	48	+10	+ 3
252°	28	65	40	52	+14	+ 4
261°	29	71	47	59	+21	+ 7
270°	30	76	38	57	+19	− 2
279°	31	77	48	62	+24	+ 5
288°	32	78	53	66	+28	+ 4
297°	33	74	50	62	+24	− 4
306°	34	77	53	65	+27	+ 3
315°	35	79	60	70	**+32**	+ 5
324°	36	67	49	58	+20	−12
333°	37	60	42	51	+13	− 7
342°	38	40	34	37	− 1	−14
351°	39	44	34	39	+ 1	+ 2
360°	40	38	38	38	0	− 1

Tabelle 11. *Prüfung eines mechanischen Teilkopfes ($^{1}/_{9}$ Umdrehungen der Schnecke)*

Drehung der Teilkopfspindel	Umdrehung der Schnecke	Ablesung in sek			Fehlersumme "	Teilungssprung "
		Mikr. I	Mikr. II	Mittel		
225°	0	16	17	16	0	
226°	$^{1}/_{9}$	15	14	14	− 2	− 2
227°	$^{2}/_{9}$	23	22	22	+ 6	+ 8
228°	$^{3}/_{9}$	27	28	28	+12	+ 6
229°	$^{4}/_{9}$	34	35	34	+18	+ 6
230°	$^{5}/_{9}$	37	40	38	+22	+ 4
231°	$^{6}/_{9}$	34	38	36	+20	− 2
232°	$^{7}/_{9}$	38	41	40	+24	+ 4
233°	$^{8}/_{9}$	30	31	30	÷14	−10
234°	$^{9}/_{9}$	18	19	18	+ 2	12

treten, ist die Prüfung in beiden Drehrichtungen vorzunehmen. Der Verlauf der Fehler ist in Abb. 81 wiedergegeben.

Die Prüfung des Teilkopfes läßt sich beim Fehlen einer Teilscheibe auch mit Hilfe von Winkelendmaßen und einem Autokollimationsfernrohr durchführen. Man befestigt dazu an der Spindel des zu prüfenden Teilkopfes ein (in Abb. 11 gezeigtes) mit vier 90°-Winkeln ausgestattetes Rechteck, an das weitere Winkelendmaße angeschoben werden können. Die Prüfung erfolgt so, daß in der Nullstellung das AKF möglichst senkrecht zu einer Endmaßfläche ausgerichtet und die Anzeige am AKF abgelesen wird. Nach Drehung des Teilkopfes wird die Anzeige am AKF erneut abgelesen, wobei die Reflexion am zweiten der Solldrehung entsprechenden Endmaß erfolgt. Aus den Anzeigeunterschieden erhält man den Fehler des Drehwinkels. Von Vorteil ist bei dieser Prüfeinrichtung, die auch mit einem Spiegelpolygon ausgestattet sein kann, daß die Außermittigkeit bei der Aufspannung des Rechtecks bzw. des Spiegelpolygons ohne Einfluß ist, da mit dem AKF im parallelen Strahlengang (Einstellung auf ∞) gearbeitet wird. Zu beachten ist bei hohen Anforderungen lediglich der Pyramidalfehler (vgl. Abschn. 3.13).

Eine derartige Anordnung ist beim Fehlen eines Teilkopfes auch zur Einstellung von Winkeln und Teilungen zu verwenden, wobei der Fehler bei Benutzung eines AKF mit Skalenwert 1″ kleiner wird als selbst bei optischen Teilköpfen. Nachteilig ist allerdings das Auswechseln der Winkelendmaße von Teilung zu Teilung.

Steht bei diesen Messungen ein AKF nicht zur Verfügung, so kann man die Anordnung auch so treffen, daß auf die Winkelendmaße eine Libelle mit kleinem Skw aufgesetzt wird, die jeweils bei waagerechter Lage der Endmaßfläche einspielen muß (eine ähnliche Anordnung zur Messung von Winkeln war bereits in Abschn. 3.231 erwähnt). Bei genügend breiten Endmaßen (oder bei Unterlegen einer planparallelen Platte) eignet sich dazu besonders die Koinzidenzlibelle nach Abb. 40, die einen genügend großen Anzeigebereich hat, wodurch auch größere Abweichungen leicht bestimmt werden können.

4.13 Prüfung von geteilten Rundkörpern

Die Prüfung von Winkelteilungen an Zahnrädern, Rastenscheiben oder ähnlichen geteilten Rundkörpern läßt sich grundsätzlich mit den gleichen Anordnungen, wie für die Untersuchung von Teilköpfen angegeben, durchführen, wozu man auch die Teilköpfe selbst mit heranziehen kann. Eine entsprechende Versuchsanordnung war bereits in Abb. 55 dargestellt, wobei die Prüfung mit Theodolit und Kollimator erfolgte. Benutzt man statt dessen, vor allem bei kleineren Prüflingen, zur Prüfung einen optischen Teilkopf oder eine Teilscheibe mit Mikroskopen, so ist bei der Aufspannung, im Gegensatz zur Prüfung mit Theodolit und Kollimator, darauf zu achten, daß die Prüflingsachse mit der Achse der Teilkopfspindel bzw. der Teilscheibe fluchtet, da hier die Außermittigkeit das Meßergebnis beeinflußt. Für die Messung am optischen Teilkopf ist eine Nulleinstellvorrichtung erhältlich, wie sie bereits in Abb. 55 gezeigt ist, mit der bei jedem Weiterdrehen auf eine bestimmte Feinzeigeranzeige eingestellt wird[1].

Bei Verwendung eines Normals (Theodolit, Teilkopf, Teilscheibe) lassen sich die einzelnen Teilungsfehler unmittelbar bestimmen. Unter Verwendung von zwei Feinzeigern oder eines Feinzeigers und eines Anschlags können die Teilungsfehler auch ohne Vorhandensein eines Winkelnormals ermittelt werden. Eine derartige Meßanordnung (Abb. 82) ist an mehreren Zahnradprüfgeräten vorhanden.

---

[1] MEIER, B.: Über eine neue Nulleinstellvorrichtung zum Messen von Winkelteilungen. Feingerätetechnik 6 (1957) S. 317—319.

Durch Gewichtszug wird die zu untersuchende Rastenscheibe gegen eine feste Anlagekugel gedrückt. Die bewegliche Anlagekugel berührt die Rastenscheibe im Abstand der Teilung und wirkt auf einen Feinzeiger. Liegen beide Kugeln nicht auf dem gleichen Kreis an der Rastenscheibe an, so führt das bei kleinen Unterschieden nur zu Fehlern 2. Ordnung.

Eine nach diesem Prinzip ausgeführte Messung einer Rastenscheibe mit 6 Rasten und $r_0 = 75$ mm ist in Tabelle 12 wiedergegeben.

Bei der Messung wird nach jeweiligem Weiterdrehen der Rastenscheibe um eine Teilung die Anzeige A am Feinzeiger abgelesen. Da der Mittelwert aller Teilungen

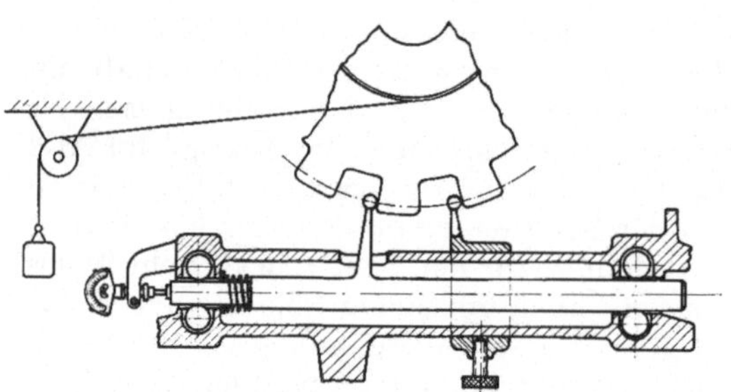

Abb. 82. Messung der Kreisteilung am Zahnradprüfgerät (Jenoptik GmbH., Jena)

am Radumfang gleich der Sollteilung $t_0 = \dfrac{360°}{Z} \cdot r_0$ ist, so entspricht auch der Mittelwert A_m aller Feinzeigerablesungen am Radumfang dem Sollwert der Kreisteilung.

Ist A_i die Feinzeigerablesung an der Teilung i, so ist der Fehler dieser Teilung

$$\Delta t_{0\,i} = A_i - A_m. \tag{38}$$

Da die Summe aller Kreisteilungen gleich dem Radumfang ist, muß die Fehlersumme aller Teilungsfehler — abgesehen von der durch die Rundung des Mittelwertes gegebenen Rechenungenauigkeit — Null werden.

Benötigt man den Teilungsfehler im Winkelmaß, so muß der im Längenmaß erhaltene Wert $\Delta t_{0\,i}$ lediglich, wie dies auch in Tabelle 12 geschehen ist, durch den Teilkreisradius r_0 dividiert werden. Um die Meßunsicherheit bei diesem Verfahren klein zu halten, ist es erforderlich, Meßkraft- und Temperaturschwankungen an allen Teilen der Meßeinrichtung zu vermeiden[1].

Tabelle 12. *Messung einer Kreisteilung ($r_0 = 75$ mm, $t_0 = 60°$) ohne Winkelnormal*

Teilung	Ablesung am Feinzeiger	Teilungsfehler $\Delta t_{0\,i} = A_i - A_m$		Teilungssprung	Fehlersumme $\sum \Delta t_{0\,i}$
i	A_i in µm	µm	"	"	"
1	+12,4	− 3,3	− 9,1		− 9,1
2	+26,2	+10,5	+28,9	+38,0	+19,8
3	+20,5	+ 4,8	+13,2	−15,7	+33,0
4	+ 8,3	− 7,4	−20,4	−33,6	+12,6
5	+16,4	+ 0,7	+ 1,9	+22,3	+14,5
6	+10,4	− 5,3	−14,6	−16,5	− (0,1)
				+ 5,5	

Mittelwert $A_m = 15,7$; $\sum \Delta t_{0\,i} = 0$.

4.14 Prüfung von Richtwaagen

Zur Bestimmung des Skalenwertes von Richtwaagen benötigt man eine Fläche, deren Lage zur Horizontalen meßbar geändert werden kann. Besonders geeignet sind dabei Sinus- oder Tangenslineale, deren Neigung durch Endmaße oder Meß-

---

[1] Siehe auch R. Noch: Zur Messung der Kreisteilungsfehler an Zahnrädern und Teilscheiben. Werkstattstechnik 51 (1961) H. 3, S. 142–147 u. H. 4, S. 188–193.

schrauben mit sehr geringen Fehlern (s. Abschn. 3.133) verstellt werden kann. Zur Messung wird zunächst das Gerät mit der (vorher auf richtige Null-Anzeige geprüften) Richtwaage so eingestellt, daß die Libellenblase zwischen den Hauptstrichen einspielt. Danach wird die Neigung des Lineals nach oben und unten um jeweils konstante Beträge $\Delta\varphi$ in mm/m verstellt (möglichst bei kontinuierlicher Neigungsänderung so, bis die Blase jeweils um einen Skalenteil gewandert ist). Aus den Anzeigeänderungen Δs in Skt erhält man den Skalenwert zu

$$\text{Skw} = \frac{\Delta\varphi}{\Delta S}\ \text{mm/m}. \tag{39}$$

Da infolge ungleichmäßiger Krümmung des Libellenrohres der Skalenwert über die ganze Skale meist nicht konstant ist, empfiehlt es sich (wenn die Richtwaage nur zum Einrichten in die Waage- oder Senkrechte benutzt wird), den Skalenwert vor allem für die den Hauptstrichen benachbarten Skalenteile zu bestimmen. Um etwaige Neigungsänderungen der Grundfläche während der Messung verfolgen und berücksichtigen zu können, setzt man eine Richtwaage mit kleinerem Skalenwert auf die Grundfläche der gesamten Meßeinrichtung. Eine Ausführungsform eines Libellenprüfgerätes für bessere Richtwaagen und Libellenkörper ist in Abb. 83 dargestellt. Der Auflagebalken für die Prüflinge ist auf der rechten Seite durch Blattfedern mit dem Gehäuse und an der linken Seite ebenfalls durch eine Blattfeder mit dem kurzen Hebelarm eines gleichfalls mit Blattfedern am Gehäuse angelenkten Winkelhebels verbunden. Auf seinen langen Hebelarm wirkt eine Meßschraube, durch die die Neigung des Auflagebalkens verstellt werden kann. Die Übersetzung der gesamten Anordnung wurde so gewählt, daß der Skalenwert der Meßschraube 0,5″ oder 0,0025 mm/m beträgt. Das Gerät besitzt einen Anzeigebereich von 5′ ≈ 1,45 mm/m. Zur Kontrolle des horizontalen Ausrichtens des Gerätes mittels dreier Fußschrauben sind am Gehäuse eine Längs- und eine Querlibelle mit 40″ Skalenwert angebracht.

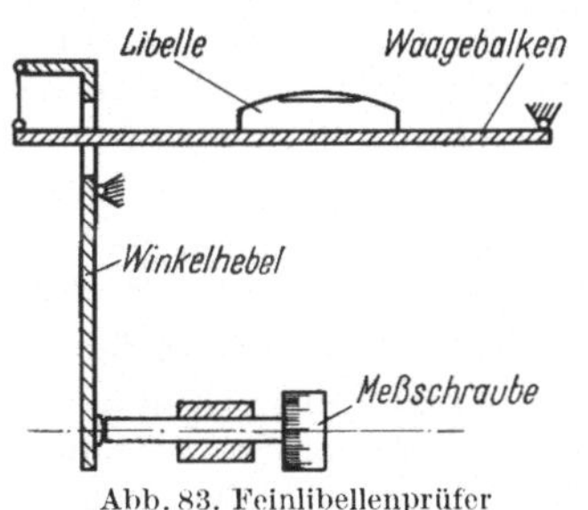

Abb. 83. Feinlibellenprüfer
(VEB Präzisionsmechanik, Freiberg)

Abb. 84. Prüfung von Richtwaagen mit Meßdornen und Endmaßen

Ist der Skalenwert der zu prüfenden Richtwaage größer als 0,2 mm/m, so läßt sich die Skalenwertbestimmung mit genügender Sicherheit auch in einfacher Weise mit Endmaßen oder Meßdornen durchführen. Wie in Abb. 84 gezeigt, wird die Richtwaage zunächst auf zwei Meßdorne (oder Endmaße) mit den Durchmessern d_1 und d_2 aufgelegt, die im Abstand L voneinander auf einer gut ebenen Platte liegen.

Der Abstand L (zweckmäßigerweise zu 100 mm gewählt), wird durch die Endmaßkombination

$$E = L - \frac{d_1 + d_2}{2} \tag{40}$$

eingestellt. Nach Ablesung der Richtwaage werden die Meßdorndurchmesser (damit L konstant bleibt) um gleich große aber entgegengesetzt gerichtete Beträge Δd geändert. Aus der damit verbundenen Neigungsänderung $\Delta\varphi = \dfrac{2\Delta d}{L}$ und der Anzeigeänderung an der Richtwaage wird der Skalenwert, wie beschrieben, berechnet. Der Einfluß der Unebenheit der Auflagefläche wird ausgeschaltet, wenn man unter die Richtwaage noch ein gut ebenes Lineal legt. Der Justierfehler der Richtwaage wird erhalten, indem zunächst die Auflagefläche so verstellt wird, daß die Libelle symmetrisch zu den Hauptstrichen einspielt. Die nach dem Umsetzen der Richtwaage festgestellte Lageänderung der Libellenblase ist der doppelte Justierfehler, der (nach DIN 877) 0,2 Skt (bei senkrechter Prüflage bis 1 Skt) betragen darf.

4.2 Messen kleiner Winkel

4.21 Führungsprüfungen

Zum Prüfen von Führungen, die besonders bei der Herstellung und Abnahme von Werkzeugmaschinen oft erforderlich ist, gibt es je nach Genauigkeitsansprüchen verschiedene Meßverfahren. Während bei der Abnahme von Werkzeugmaschinen in der Regel eine Funktionsprüfung durchgeführt werden sollte, ist bei der Herstellung eine Bestimmung der Abweichung der Führungsbahnen der einzelnen aufeinander gleitenden Teile von der Ebenheit erforderlich. Dazu verwendet man in zunehmendem Maße neben der Tuschierleiste Spiegel und Autokollimationsfernrohr. In Abb. 85 ist die Prüfanordnung dargestellt. Ein auf einem Dreipunktmeßtisch aufgesetzter Spiegel wird auf der zu prüfenden Führung verschoben. Die durch die Unebenheit der Führung verursachten Kippungen des Spiegels werden mit dem Autokollimationsfernrohr beobachtet und ausgewertet. Es ist darauf hinzuweisen, daß die Kippwinkel außer von der Unebenheit vom Abstand der Auflagepunkte des Spiegelträgers abhängig sind.

Die Prüfung zweier senkrecht zueinander stehender Führungen, z. B. an Lehrenbohrwerken und Fräsmaschinen, führt man — wie in Abb. 85 gezeigt — mit Hilfe eines zusätzlichen Pentagonprismas durch; bei diesem Prisma wird unabhängig von der Lage der Anlageflächen ein einfallender Lichtstrahl immer um 90° abgelenkt. Nach der Prüfung der waagerecht liegenden Fläche wird bei gleicher Lage des AKF unter Verwendung des Pentagonprismas die Kippung des an die senkrechte Führung angelegten Spiegels gemessen.

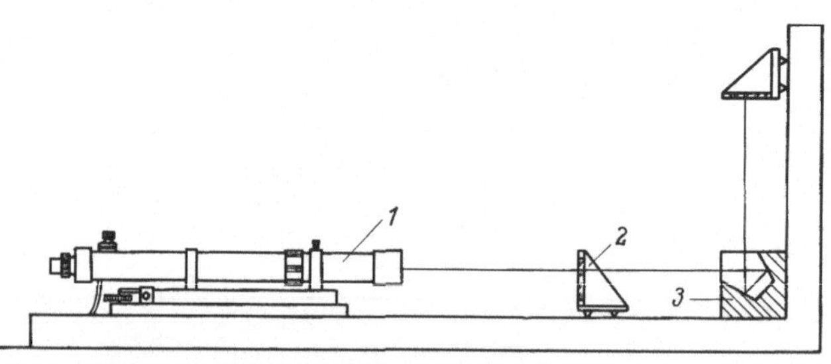

Abb. 85. Prüfen von Führungen mit Autokollimationsfernrohr und Spiegel
1 Autokollimationsfernrohr; *2* Spiegel; *3* Pentagonprisma

Aus den Fehlerkurven der beiden Flächen läßt sich dadurch auch der Fehler der Rechtwinkligkeit ermitteln.

Eine weitere Möglichkeit zur Prüfung der Unebenheit bietet die Verwendung einer Richtwaage, insbesondere auch der Koinzidenzlibelle, nach Abb. 40. Sie wird auf der Führung verschoben und aus den Lageänderungen der Blase die Unebenheit bestimmt.

Bei der Abnahme von Werkzeugmaschinen wird zweckmäßigerweise eine Funktionsprüfung durchgeführt. Diese läßt sich bei kleinen zulässigen Fehlern auch über die Messung kleiner Winkeländerungen vornehmen. Man verwendet dazu das Autokollimationsfernrohr mit Spiegel oder ein Fluchtfernrohr mit Kollimator, wobei der Spiegel bzw. der Kollimator auf den zu verschiebenden Tisch oder Support aufgesetzt wird. Bei der Funktionsprüfung ist das Fernrohr möglichst am

Maschinenbett zu befestigen, damit etwaige Änderungen der Lage des Bettes, hervorgerufen durch die Verschiebung des schweren Tisches, das Meßergebnis nicht beeinflussen. Auch bei der Prüfung mit Richtwaagen ist während der Verschiebung des Tisches die Lage des Maschinenbettes durch eine zweite Richtwaage zu kontrollieren.

4.22 Parallelitätsprüfungen

Auch hier ist grundsätzlich die Messung kleiner Winkel oder kleiner Winkeländerungen, nämlich der Abweichungen von 0 bzw. 180°, durchzuführen. Handelt es sich um die Prüfung der Unparallelität zweier voneinander abgewandter Flächen, wie bei Parallelendmaßen, so kann man das in Abb. 86a skizzierte Verfahren verwenden. Durch Ansprengen eines Endmaßes E' an die linke Fläche des Prüflings E wird eine zur rechten Fläche gleichartig liegende Ersatzfläche hergestellt. Aus dem Abstand der von diesen beiden Flächen reflektierten Fadenkreuzbilder läßt sich die Unparallelität der beiden Meßflächen bestimmen.

Bei sehr langen Endmaßen verwendet man besser 2 Autokollimationsfernrohre (Abb. 86b), die zunächst so gegeneinander ausgerichtet werden, daß die Fadenkreuze sich mit den Bildern der gegenüberliegen-

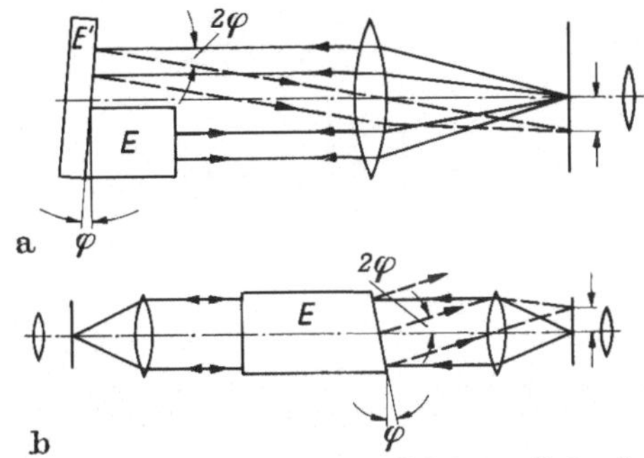

Abb. 86a u. b. Prüfung der Parallelität von Endmaßen mit a) einem Autokollimationsfernrohr, b) zwei Autokollimationsfernrohren

den decken. Dann bringt man das Endmaß in den Strahlengang und justiert es so, daß eine Fläche senkrecht zu dem gegen diese Fläche gerichteten Parallelstrahlenbündel steht. Die durch eine Unparallelität hervorgerufene Auslenkung des von der zweiten Fläche reflektierten Fadenkreuzbildes wird im zweiten Fernrohr abgelesen.

Kleinste Abweichungen von der Parallelität lassen sich bei Endmaßen auch mit Interferenzkomparatoren bestimmen.

Ohne auf die Wirkungsweise des vor allem für inter-ferentielle Längenmessungen benutzten Gerätes einzu-gehen[1], sei bemerkt, daß im Gesichtsfeld des Ablesefern-rohres zwei Interferenzstreifensysteme zu sehen sind (Abb. 87). Das von der Objektplatte kommende Streifensystem entsteht durch einen von der Vergleichsebene und von der Objektplatte gebildeten Keil, dessen Winkel sich aus der Beziehung $\tan \varphi_1 \approx \varphi_1 \approx \dfrac{\lambda}{2 s_1}$ ergibt (λ = Wellenlänge des verwendeten Lichtes).

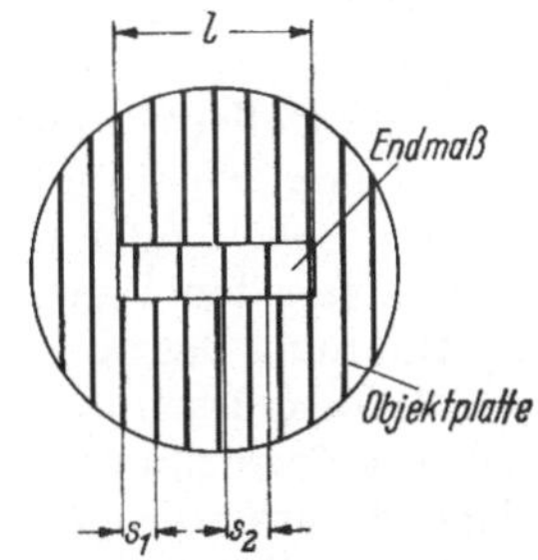

Abb. 87. Gesichtsfeld im Interferenzkomparator

Von dem auf die Objektplatte angesprengten Endmaß kommt das zweite Streifensystem, wobei die freie Endmaßfläche mit der Vergleichsebene den Winkel $\varphi_2 \approx \dfrac{\lambda}{2 s_2}$ einschließt. Die Unparallelität zwischen der Objektplatte und der freien Endmaßfläche ist dann

$$\varphi = \varphi_1 - \varphi_2 = \frac{\lambda}{2}\left(\frac{1}{s_1} - \frac{1}{s_2}\right).$$

---

[1] Näheres s. G. Berndt: Grundlagen und Geräte technischer Längenmessungen, Berlin: Springer 1929.

4*

Statt der Messung von s_1 und s_2 genügt es meist, die Anzahl z_1 und z_2 der Streifen über die Längsseite l des Endmaßes zu bestimmen. Es ist dann

$$\varphi = \frac{\lambda}{2\,l}\,(z_1 - z_2)\,.$$

In Abb. 87 ist $z_1 \approx 6{,}5$, $z_2 \approx 4{,}5$: mit $\lambda = 0{,}501\ \mu\mathrm{m}$ (grüne Heliumlinie) und $l = 35$ mm ist dann

$$\varphi \approx \frac{0{,}501 \cdot 10^{-3}}{70}\,(6{,}5 - 4{,}5) \approx 1{,}44 \cdot 10^{-5} \approx 3{,}0''\,.$$

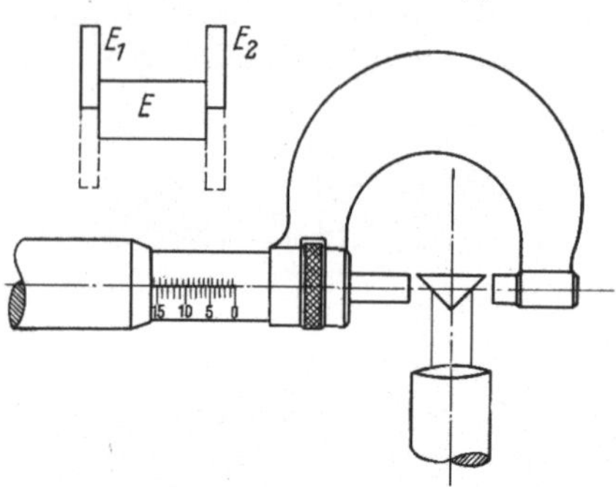

Abb. 88. Prüfung der Meßschraubenflächen auf Parallelität mit Autokollimationsfernrohr

Die Prüfung der Unparallelität von einander zugewendeten Flächen wie bei Rachenlehren und Meßschrauben kann ebenfalls mit dem Autokollimationsfernrohr in Verbindung mit einem 90°-Prisma erfolgen (Abb. 88). Bei paralleler Lage der beiden Flächen werden die über das 90°-Prisma auf die Meßflächen geworfenen Fadenkreuzbilder, wieder in sich vereinigt, zurückgeworfen. Zur Bestimmung der Abweichung des Prismenwinkels von 90° bringt man das Prisma in eine aus 3 Endmaßen zusammengesetzte Rachenlehre (Abb. 88). Um von einer etwaigen Unparallelität der Meßflächen des Endmaßes E unabhängig zu werden, sprengt man die beiden Endmaße E_1 und E_2 einmal in der ausgezogenen, dann in der gestrichelt gezeichneten Lage an E an und nimmt aus den hierbei ermittelten Abständen der Fadenkreuzbilder das Mittel. Bei dieser Messung muß die brechende Kante des Prismas parallel zu den Flächen des Prüflings justiert werden, da sonst ein Pyramidalfehler auftritt. Unabhängig davon wird man, wenn eine der beiden Prismenflächen durch ein Dachkantprisma ersetzt wird. Auf die Bestimmung der Parallelität durch Ausmessen mittels Außen- bzw. Innenfeinzeiger oder Meßschrauben soll hier nur hingewiesen werden.

4.3 Kegelmessungen

4.31 Unmittelbare Kegelmessungen

Unmittelbare Kegelmessungen werden vor allem an Kegellehren durchgeführt. mit denen wiederum die Werkzeugkegel nach dem Tuschierverfahren geprüft werden sollen oder die als Einstellehren für Unterschiedsmeßgeräte Verwendung finden. Bei den Werkzeugkegel-Arbeitslehren kommt es dabei nicht allein auf die Bestimmung des Kegels $1:x$ und der davon abgeleiteten Größen an (vgl. Abschn. 3.133), es müssen auch die übrigen in den Normen festgelegten Abmessungen, wie der gekennzeichnete große Durchmesser, Länge, Lappendicke, -breite und mittige -lage geprüft werden. Diese Größen lassen sich mit den in der reinen Längenmeßtechnik üblichen Verfahren bestimmen. Im folgenden sollen nur die für die Messung des Kegels $1:x$ möglichen Verfahren behandelt werden.

4.311 Unmittelbare Messung von Außenkegeln. Für die Bestimmung des Kegelwinkels und der Gleichmäßigkeit des Kegels stehen mechanische Meßgeräte zur Verfügung, die nach dem Prinzip des Sinuslineals oder nach dem Durchmesserverfahren arbeiten. Bei den erstgenannten Geräten wird der Prüfling auf einem verschiebbaren Sinuslineal befestigt, dessen Neigung zur Verschiebefläche nach dem Sollwinkel α durch das Endmaß $E = L \sin\alpha$ eingestellt wird (Abb. 89). Gegen die obere Mantellinie des Kegels wird ein Feinzeiger mit Schneidenmeßhütchen gestellt, dessen Anzeigeänderungen beim Verschieben des Sinuslineals ein Maß für die Fehler am Kegel sind. Werden die Anzeigeänderungen über der Verschiebung aufgetragen, so erhält man aus der Lage der Ausgleichsgeraden den Fehler des Kegelwinkels, während die Unterschiede zu den Einzelwerten örtliche Abweichungen erkennen lassen. Um von Fehlern durch die Unebenheit der Auflagefläche frei zu werden, legt man den Kegel auch auf zwei gleiche Rollen auf. Bei einigen Geräteausführungen läßt sich durch seitliche Anschläge der Kegel so verstellen, daß die Projektion der Kegelachse auf die Verschiebe-ebene parallel zur Verschieberichtung verläuft. Bei dem Kegelmeßgerät nach Abb. 90 wird diese Lage dadurch erreicht, daß man den Prüfling in ein Prisma mit 90°-Prismenwinkel einlegt, dessen Scheitelkante in der Nullage parallel zur Führungsbahn liegt. Zu diesem Gerät sind für insgesamt 21 genormte Kegel die zur Einstellung der jeweiligen Sollneigung am Sinuslineal erforderlichen Einstellendmaße erhältlich, wodurch Rechenarbeit und das Zusammenstellen der Endmaßkombinationen entfallen.

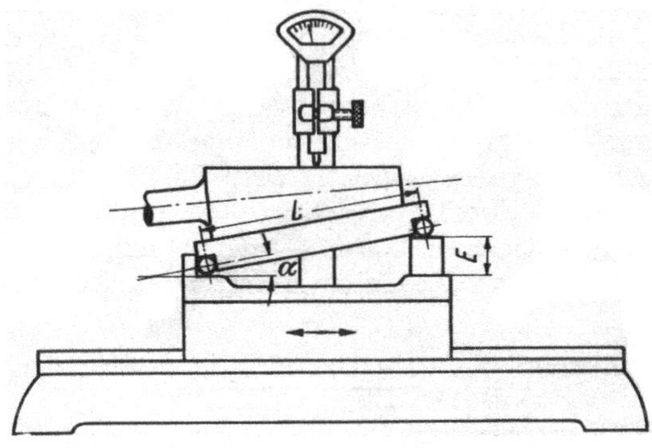

Abb. 89. Kegelmeßgerät nach dem Sinuslinealprinzip

Bei Verwendung des 90°-V-Lagers ist zu beachten, daß am Feinzeiger nur die halben Durchmesseränderungen angezeigt werden. Aus den Anzeigeänderungen am Feinzeiger erhält man damit nach Division durch die Verschiebelänge den Fehler der Neigung $1:2\,x$.

Bei höchsten Ansprüchen sind vor allem die Fehler der Führungsbahnen und die Nullpunktfehler bei der Messung zu berücksichtigen[1]. Man erhält diese, indem man in der Nullage des Sinuslineals einen Prüfzylinder auflegt, ihn wie bei der Kegelprüfung verschiebt und die Anzeigeänderungen am Feinzeiger in einer Fehlerkurve aufträgt.

Beim Kegel- und Universalfeinmeßgerät nach Knauthe (Abb. 91 u. 92) wird der Kegel durch Messung zweier Durchmesser in zwei mit Endmaßen einstellbaren Höhen bestimmt. Dabei muß der Prüfling senkrecht aufgenommen werden, wofür in der am Fuß angebrachten Werkstückauflageplatte eine federnde und versenkbare Rippenkörnerspitze eingebaut ist.

Abb. 90. Kegelprüfer (Mahr, Esslingen)

Von besonderem Vorteil ist die Anwendung von zwei Halbzylindern als Meßkörper, die in den Mulden der Meßbolzen gelagert sind und deren Meßflächen sich zwanglos auf die Neigung des Prüflings einstellen. Die Drehung der Meßkörper erfolgt dabei um Achsen, die in der Höhe der Meßpunkte liegen. Dadurch ist es ermöglicht, den Abstand der Meßpunkte unabhängig von der Lage der Meßkörper durch Endmaße einzustellen oder nach erfolgter Messung einen Vergleich gegen Endmaße durchzuführen.

---

[1] BERNDT, G.: Kritische Untersuchung der Bestimmung der Verjüngung von metrischen (und Morse-) Kegeln mit dem Sinuslineal. Wiss. Z. TU Dresden 12 (1962) S. 995–1002 u. S. 1395–1410.

Mit einer „Meßeinrichtung für nicht gegenüberliegende Meßstellen" lassen sich mit diesem Gerät z. B. auch Kegelreibahlen mit ungerader Schneidenzahl durch eine Hüllkreisdurchmessermessung prüfen. Das gleiche Meßprinzip läßt sich unter Verwendung von Endmaßen und Drähten (Abb. 93) anwenden. Es werden dazu zwei Drähte von gleichem Durchmesser, die auf den Endmaßen e aufliegen, an den Kegel angelegt, dessen Achse senkrecht zur gemeinsamen Auflagefläche steht. Nach Bestimmung des Maßes m über die Drähte werden diese — durch Auflage auf die Endmaße E — um die Strecke $L = E - e$ in Achsrichtung verschoben und die Größe M ermittelt. Die Maße M

Abb. 92. Kegelmeßgerät (Knauthe, Oberfrohna)

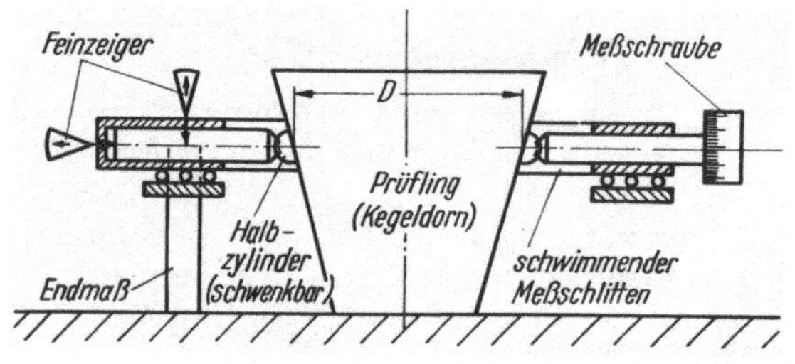

Abb. 91. Kegelmeßgerät — Schema (Knauthe, Oberfrohna)

und m werden dabei möglichst mit einer Feinzeigermeßschraube bestimmt; der Kegelwinkel ergibt sich aus $\tan \dfrac{\alpha}{2} = \dfrac{M - m}{2L}$.

Die Unsicherheit dieses Verfahrens läßt sich bestimmen aus:

$$\delta\alpha = \frac{\cos^2 \dfrac{\alpha}{2}}{L} \sqrt{(\delta M)^2 + (\delta m)^2 + \left(\frac{M - m}{L} \cdot \delta L\right)^2}. \tag{41}$$

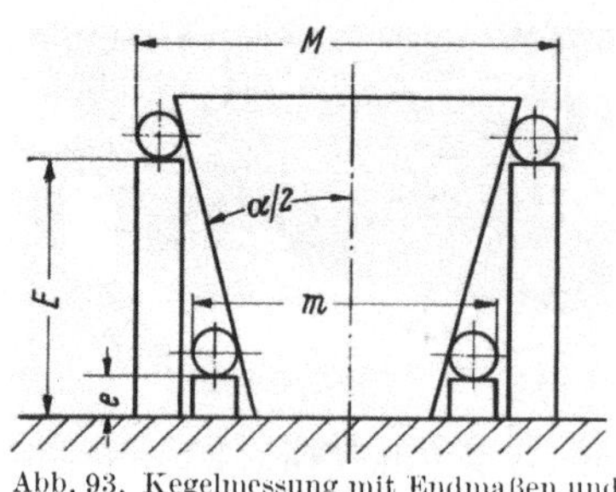

Abb. 93. Kegelmessung mit Endmaßen und Drähten

Zahlenbeispiel: Kegel $1 : x = 1 : 20$ $(\alpha = 2°51'52'')$. $L = 50{,}000$ mm, $M = 65{,}000$ mm, $m = 47{,}500$ mm. $M - m = 17{,}500$ mm.

Bei Messung von M und m mit einer Feinzeigermeßschraube und Vergleich gegen Endmaße wird etwa $\delta M = \delta m = \pm 1{,}5\,\mu$m. Da sich L aus der Differenz der Endmaße $E - e$ ergibt, wird

$$\delta L = \sqrt{(\delta E)^2 + (\delta e)^2}. \tag{42}$$

Bei Endmaßen des Genauigkeitsgrades I nach DIN 861 kann bei $E = 60$ mm und $e = 10$ mm werden: $\delta E = \pm 0{,}5\,\mu$m und $\delta e = \pm 0{,}25\,\mu$m und somit $\delta L \approx \pm 0{,}6\,\mu$m.

Damit ergibt sich

$$\delta\alpha = \pm \frac{0{,}9938}{50} \sqrt{4{,}5 \cdot 10^{-6} + 4{,}4 \cdot 10^{-10}}$$

$$\approx \pm 4{,}2 \cdot 10^{-5} \approx \pm 8{,}7''.$$

Ist die Kegelachse zur Senkrechten auf die Stirnfläche um den Winkel φ geneigt, dann entsteht ein weiterer Fehler

$$\Delta\alpha \approx \frac{M - m}{L} \cdot \varphi^2, \tag{43}$$

der aber nur dann gegenüber der Meßunsicherheit von Einfluß ist, wenn φ größer als $0,5°$ ist[1].

Statt der Durchmesser kann man auch die Differenz zweier im Abstand L gelegener Halbmesser, d. h. die Katheten h und L eines rechtwinkligen Dreiecks messen (Abb. 94). Für diese Messung eignet sich besonders das Werkzeugmikroskop oder das Universalmeßmikroskop, wobei man am besten eine Schneidenmeßeinrichtung benutzt. An den zwischen Spitzen aufgenommenen Prüfling wird an die Mantellinie eine Meßschneide angeschoben, deren Haarstrich mit einem Okularstrich des Visiermikroskops zur Deckung gebracht wird. Nach Ablesung der Maßstäbe am Quer- und Längsschlitten wird die Schneide um L mm verschoben, und in gleicher Weise werden erneut Schneidenstrich und Okularstrich zur Deckung gebracht. Die Differenzen der Ablesungen am Längs- und Querschlitten ergeben L

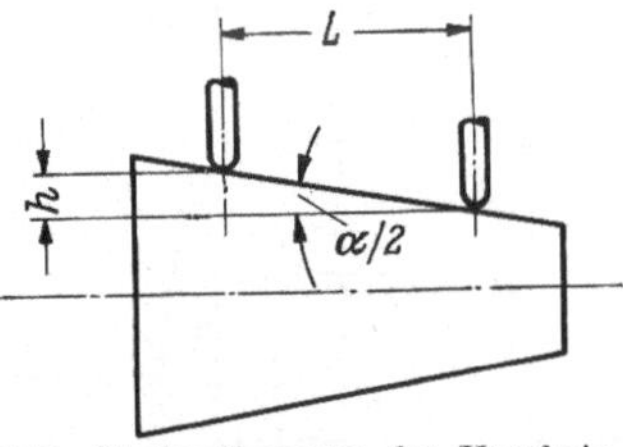

Abb. 94. Bestimmung des Kegelwinkels durch Messung der Differenz zweier Halbmesser

und h. Der Neigungswinkel $\frac{\alpha}{2}$ folgt aus $\tan\frac{\alpha}{2} = \frac{h}{L}$. Durch Verwendung nur einer Meßschneide wird der Meßfehler nicht durch den Schneidenfehler beeinflußt. Die Unsicherheit von $\frac{\alpha}{2}$ folgt wiederum aus

$$\delta\frac{\alpha}{2} = \cos^2\frac{\alpha}{2}\sqrt{\left(\frac{\delta h}{L}\right)^2 + \left(\frac{h\,\delta L}{L^2}\right)^2}$$
$$= \frac{1}{2}\sin\alpha\sqrt{\left(\frac{\delta h}{h}\right)^2 + \left(\frac{\delta L}{L}\right)^2}. \tag{44}$$

Ist $L = 100$ mm, $h = 2,5$ mm und bei Messung am UMM höchstens $\delta h \approx \pm 2\,\mu$m und $\delta L \approx \pm 3\,\mu$m, so wird bei $\alpha = 2°51'52''$ $\delta\alpha \approx \pm 8,2''$.

Bei Messung mit dem Werkzeugmikroskop wird $\delta\alpha \approx \pm 16''$.

Fällt die Kegelachse nicht mit der Richtung des Meßschlittenablaufs zusammen, so entsteht für $\frac{\alpha}{2}$ ebenfalls ein Meßfehler. Deshalb wird die Messung auf der anderen Seite des Kegels in gleicher Weise wiederholt. Ergeben die beiden Messungen die Größen $\tan\frac{\alpha_1}{2}$ und $\tan\frac{\alpha_2}{2}$ und wäre der wirkliche Wert $\tan\frac{\alpha}{2}$, so kann man setzen:

$$\frac{\alpha_1}{2} = \frac{\alpha}{2} + \delta, \qquad \frac{\alpha_2}{2} = \frac{\alpha}{2} - \delta,$$

wobei δ der sehr kleine Winkel zwischen Kegelachse und Schlittenablaufrichtung ist.

Es wird dann bis auf Größen 2. Ordnung

$$\tan\frac{\alpha_1}{2} + \tan\frac{\alpha_2}{2} = \frac{\tan\frac{\alpha}{2} + \delta}{1 - \delta\cdot\tan\frac{\alpha}{2}} + \frac{\tan\frac{\alpha}{2} - \delta}{1 + \delta\cdot\tan\frac{\alpha}{2}} \approx 2\tan\frac{\alpha}{2}. \tag{45}$$

Das arithmetische Mittel aus den Ergebnissen der auf beiden Seiten durchgeführten Messungen ergibt also den Wert von $\frac{\alpha}{2}$ und damit den Neigungswinkel. Den Winkel δ erhält man aus $\delta = \frac{\alpha_1}{2} - \frac{\alpha_2}{2}$.

---

[1] Näheres s. G. Berndt: Fehler bei Kegelmessung mit Drähten und Endmaßen. Werkst. u. Betrieb 91 (1958) S. 69—72.

Steht keine der bisher erwähnten Meßmöglichkeiten zur Verfügung, so kann man den Kegel mit 2 Paar Meßscheiben und einer Meßschraube bestimmen (Abb. 95).

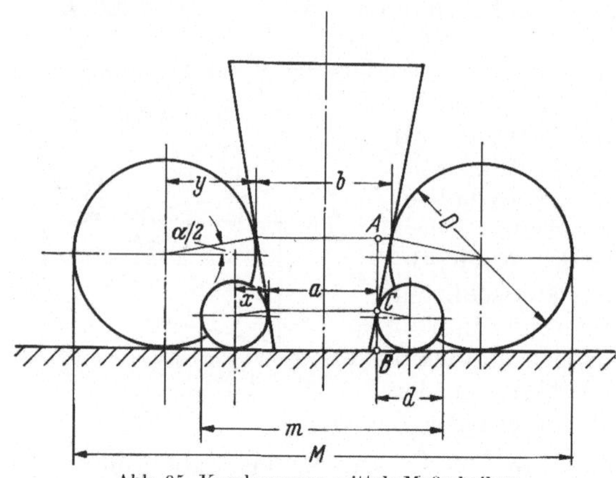

Abb. 95. Kegelmessung mittels Meßscheiben

Man legt dazu an den Kegel, der mit zur Achse senkrechter Stirnfläche auf einer gut ebenen Grundplatte stehen muß, nacheinander je zwei gleiche Meßscheiben an und mißt die Strecken M und m.

Es ist

$$m = d + 2x + a,$$

$$M = D + 2y + b;$$

mit

$$x = \frac{1}{2} d \cdot \cos \frac{\alpha}{2},$$

$$y = \frac{1}{2} D \cdot \cos \frac{\alpha}{2}$$

wird

$$M - m = (D - d)\left(1 + \cos \frac{\alpha}{2}\right) + b - a;$$

weiter ist

$$AB = \frac{1}{2} D + \frac{1}{2} D \cdot \sin \frac{\alpha}{2},$$

$$CB = \frac{1}{2} d + \frac{1}{2} d \cdot \sin \frac{\alpha}{2},$$

$$AC = \frac{1}{2}(D - d)\left(1 + \sin \frac{\alpha}{2}\right),$$

$$\tan \frac{\alpha}{2} = \frac{b - a}{2\,AC} = \frac{(M - m) - (D - d)\left(1 + \cos \frac{\alpha}{2}\right)}{(D - d)\left(1 + \sin \frac{\alpha}{2}\right)},$$

$$M - m = (D - d)\left[1 + \cos \frac{\alpha}{2} + \left(1 + \sin \frac{\alpha}{2}\right)\tan \frac{\alpha}{2}\right]$$

$$= (D - d)\left(1 + \tan \frac{\alpha}{2} + \sqrt{1 + \tan^2 \frac{\alpha}{2}}\right)$$

$$= (D - d)\left(1 + \frac{1 + \sin \frac{\alpha}{2}}{\sin \frac{\alpha}{2}}\right).$$

Setzt man

$$\frac{M - m}{D - d} - 1 = A, \tag{46}$$

so wird

$$\tan \frac{\alpha}{2} = \frac{1}{2}\left(A - \frac{1}{A}\right). \tag{47}$$

Die Unsicherheit von α ergibt sich zu

$$\delta \alpha = \cos^2 \frac{\alpha}{2} \sqrt{(\delta A)^2 + \left(\frac{1}{A^2} \cdot \delta A\right)^2}, \tag{48}$$

wobei

$$\delta A = (A + 1) \sqrt{\frac{\delta M^2 + \delta m^2}{(M - m)^2} + \frac{\delta D^2 + \delta d^2}{(D - d)^2}} \ . \tag{49}$$

Wählt man $D - d = 50$ mm und ist dabei $M - m = 101$ mm, so ist

$$\alpha = 2°16'7{,}2'' \ .$$

Für die Fehler wird man ansetzen können: $\delta M = \delta m = \pm 4 \ \mu\mathrm{m}$, $\delta D = \pm 2 \ \mu\mathrm{m}$ und $\delta d = \pm 1 \ \mu\mathrm{m}$; damit werden

$$\delta A = \pm 14{,}483 \cdot 10^{-5}$$

und

$$\delta\alpha = \pm 41{,}4'' \ .$$

4.312 Unmittelbare Messung von Innenkegeln. Die bei den Außenkegeln besprochenen Meßverfahren lassen sich prinzipiell auch für das Messen von Innenkegeln anwenden.

Bei Geräten nach dem Sinuslinealprinzip wird der Innenkegel 2 auf dem verschiebbaren und an seiner oberen Fläche abgerundeten Lineal 1 (Abb. 96) aufgenommen, das wiederum mit Endmaßen nach dem Sollkegelwinkel eingestellt wird, wodurch die untere Mantellinie parallel zur Schlittenführung zu liegen kommt, wenn der Kegel den theoretischen Wert hat. Bei vorhandenen Abweichungen wird sich beim

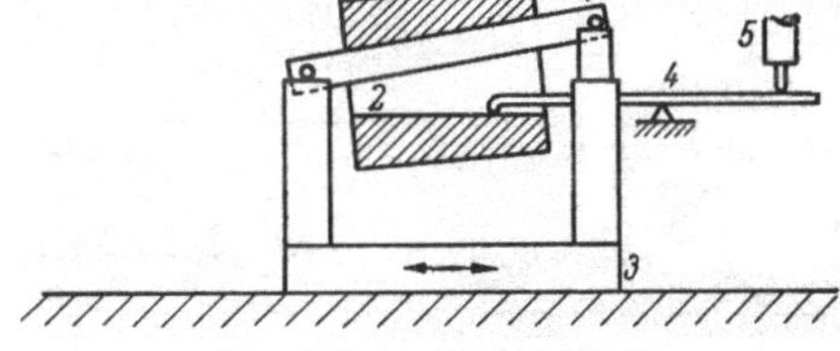

Abb. 96. Innenkegelmeßgerät
1 Sinuslineal; *2* Prüfling; *3* Schlitten; *4* Hebel; *5* Feinzeiger

Verschieben des Schlittens 3 über dem festgelagerten Hebel 4 eine Anzeigeänderung am Feinzeiger 5 ergeben. Ist die Verschiebung L und die Anzeigeänderung ΔA, so ist $\Delta\alpha \approx \dfrac{\Delta A}{L}$.

In Abb. 97 ist ein derartiges Innenkegelmeßgerät gezeigt, das im Grundaufbau dem Gerät nach Abb. 90 entspricht. Der Prüfling wird in zwei Prismen am Mantel aufgenommen und mit dem hinsichtlich der Meßkraftrichtung umschaltbáren Meßbügel so ausgerichtet, daß die untere Mantellinie parallel zur Verschieberichtung des Schlittens verläuft. Danach wird das Sinuslineal um den Sollkegelwinkel gekippt und mit dem Feinzeiger die obere Mantellinie abgefahren. Aus den Anzeigeänderungen wird, wie bereits beschrieben, der Kegelfehler bestimmt.

Da die bei den Außenkegeln erwähnten Meßmikroskope meist mit einer Innenmeßeinrichtung versehen sind, lassen sich damit auch die Innenkegel nach dem Durchmesserverfahren bestimmen. Dazu ist nur erforderlich, den Kegeldurchmesser in zwei Höhen zu messen.

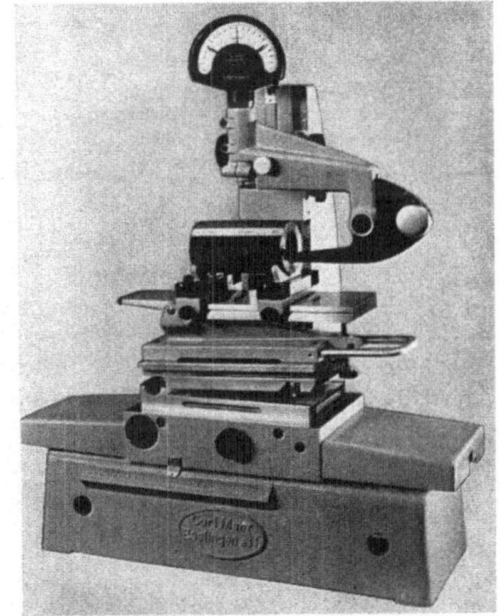

Abb. 97. Innenkegelmeßgerät (Mahr, Esslingen)

Die Höhenverstellung kann (bei neueren Geräten) durch meßbare Verstellung des Visiermikroskops erfolgen, an dem die Innenmeßeinrichtung befestigt ist. Ist eine Höhenmeßeinrichtung nicht vorhanden, so kann man durch Unterlegen von Endmaßen unter die Stirnfläche des zu prüfenden Kegels ebenfalls den Abstand L, in

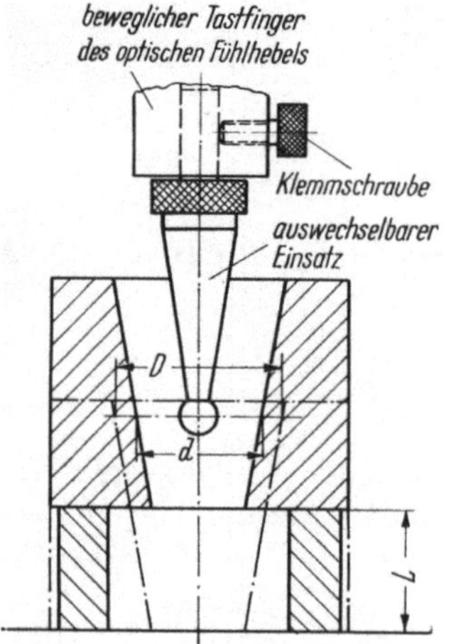

Abb. 98. Messung von Innenkegeln
am Universalmeßmikroskop

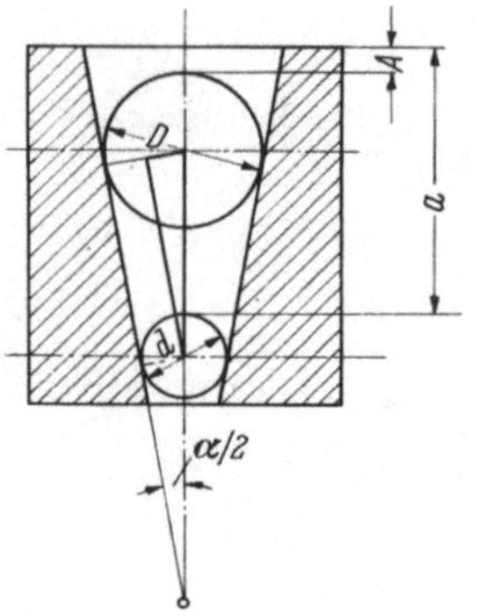

Abb. 99. Messung von Innenkegeln mit zwei Kugeln

dem die beiden Durchmesser gemessen werden, festlegen (Abb. 98). Der Kegelwinkel wird wiederum erhalten aus $\tan \dfrac{\alpha}{2} = \dfrac{D-d}{2L}$. Da der Einsatz mit der Meßkugel auswechselbar ist. läßt sich mit verschieden langen Einsätzen (aber gleichen Kugeldurchmessern) die Durchmesserbestimmung auch in mehreren Höhen durchführen. Die Meßunsicherheit dieses Verfahrens liegt, wie bei der Messung von Außenkegeln mit Drähten und Endmaßen, bei etwa $\pm 8''$.

Ohne Sondergeräte können Innenkegel unter Verwendung von Kugeln und Tiefenmaßen gemessen werden. Man legt dazu nacheinander zwei Kugeln mit den Durchmessern D und d in den Kegel ein (Abb. 99) und bestimmt mit einem Tiefenmaß die Abstände A und a von der oberen Stirnfläche. Den Kegelwinkel erhält man aus

$$\sin \frac{\alpha}{2} = \frac{D-d}{2(a-A)-(D-d)} \, . \tag{50}$$

Setzt man $D - d = x$ und $2(a - A) = y$, so wird die Meßunsicherheit

$$\delta \alpha = \frac{2 \tan \dfrac{\alpha}{2}}{(y-x)\,x} \sqrt{y^2 \cdot \delta x^2 + x^2 \cdot \delta y^2} \, . \tag{51}$$

Es sei $a - A = 50$ mm, $D - d = 2{,}44$ mm und $\alpha = 2°51'52''$.
Während man $\delta x = \pm 2 \,\mu$m ansetzen kann, muß man infolge des Meßkrafteinflusses mit $\delta y = \pm 20 \,\mu$m rechnen.
Damit wird

$$\delta \alpha \approx \pm \frac{0{,}05}{238} \sqrt{4 \cdot 10^{-2} + 0{,}24 \cdot 10^{-2}}$$

$$\approx \pm 43{,}3 \cdot 10^{-6} \approx \pm 9'' \, .$$

Den vor allem bei Kegellehren interessierenden großen Durchmesser an der Stirnfläche des Kegels erhält man aus

$$D_{gr} = \frac{D}{\cos \dfrac{\alpha}{2}} + (2A + D) \tan \frac{\alpha}{2} \, . \tag{52}$$

4.32 Kegelmessung durch Vergleich gegen Normalkegel

Bei Werkzeugkegeln kann man sich meist auf eine Unterschiedsmessung gegen einen Normalkegel beschränken. Dazu können zunächst die nach dem Prinzip des Sinuslineals arbeitenden Geräte verwendet werden, die mit einem Normalkegel (unter Berücksichtigung seines etwaigen Fehlers) so eingestellt werden, daß beim Verschieben keine Anzeigeänderung am Feinzeiger entsteht. Anstelle des Sinuslineals kann man auch einen einfachen in der Neigung z. B. durch Schrauben verstellbaren Tisch verwenden. Bei dem Kegelprüfer nach Abb. 100[1] werden Normal und Prüfling nacheinander auf dem Bett *1* gegen den festen Zapfen *2* geschoben und die Differenz ΔA der Anzeigen am Feinzeiger *3* beobachtet. Hier muß jedoch auf die Meßkraft geachtet werden, da bei einem Kegel $1:20$ eine Axialverschiebung von 0,1 mm bereits eine Anzeigeänderung von $5\ \mu$m hervorruft, was bei einem Abstand l von 100 mm einem Winkelfehler von $\approx 10''$ entspricht. Aus dem Anzeige-unterschied ΔA errechnet sich der Unterschied der Winkel von Normal und Prüfling aus $\tan \Delta\alpha = \dfrac{\Delta A}{l}$ und bei kleinen Werten aus $\Delta\alpha = \dfrac{\Delta A}{l}$.

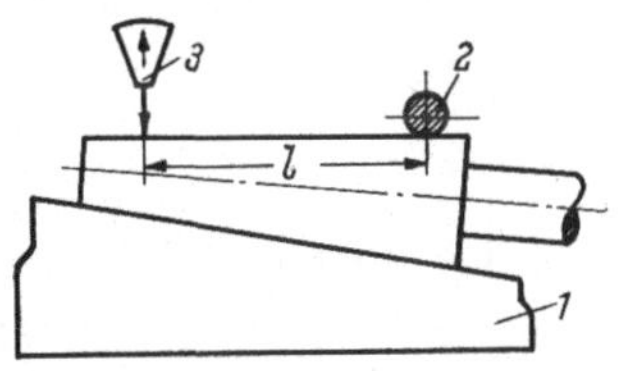

Abb. 100. Kegelprüfer

Da die Messung auf einer Mantellinie erfolgen muß und es schwierig ist, ein Schneidenmeßhütchen parallel zu dem Anschlag auszurichten, wird dieser als kreisringförmig gestaltete Schneide *1* mit dem Halbmesser R ausgebildet (Abb. 101), durch deren Mittelpunkt der Meß-bolzen *2* des Feinzeigers geht. Der Kegel wird auf der ebenen Unterlage *3* bis zum Umkehrpunkt des Feinzeigers geschwenkt.

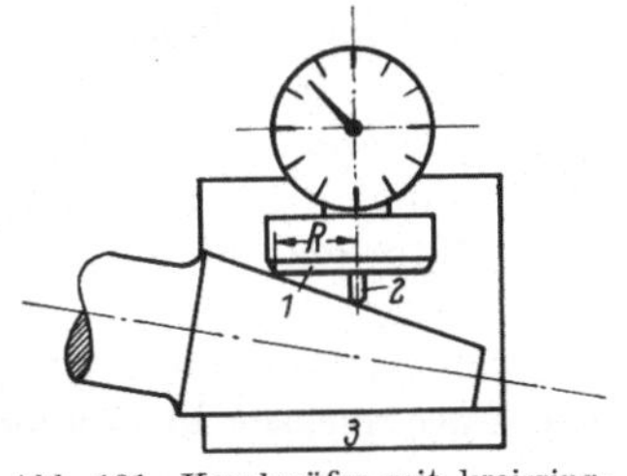

Abb. 101. Kegelprüfer mit kreisring-förmiger Schneide

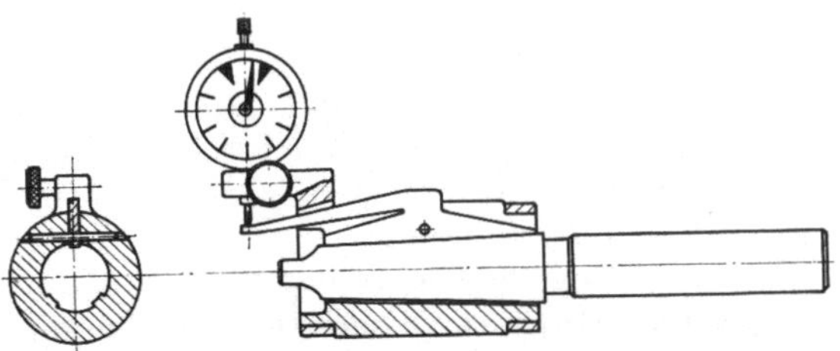

Abb. 102. Kegelprüf-Handgerät mit beweglicher Stützleiste (Hahn & Kolb, Stuttgart)

Ein einfaches Handgerät ist in Abb. 102 wiedergegeben. Es besitzt neben zwei Stützleisten eine bewegliche Leiste, die sich beim Einschieben des Kegels an die Mantellinie anlegt, wodurch der Ein-fluß der Meßkraft stark verringert wird. Nach Einstellung des Gerätes mit einem Normal werden die Fehler des Prüflings, bezogen auf 100 mm Kegellänge, an einem Feinzeiger angezeigt, auf die der Hebelarm der beweglichen Stützleiste wirkt.

Bei dem Kegelvergleicher von Krupp werden zwei Durchmesser des Normals und des Prüflings mittels zweier Reiter-meßgeräte verglichen, die durch einen Steg in einem festen Abstand von-einander gehalten sind (Abb. 103).

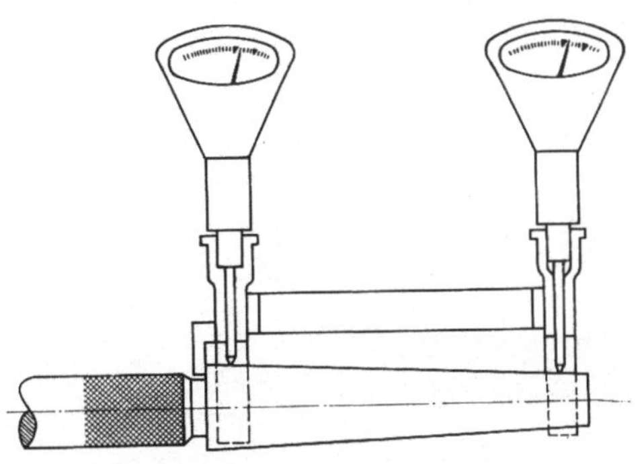

Abb. 103. Kegelvergleicher von Krupp

Ihre Winkel sind so gewählt, daß die Anzeigeänderungen an den Feinzeigern den Durchmesseränderungen entsprechen. Die richtige Lage auf dem Kegel soll durch einen (an beiden Seiten anzubringenden) Anschlag gesichert werden, so daß damit auch der Durchmesser des Prüflings in einem bestimmten Abstand zu einer Stirnfläche des Kegels geprüft werden könnte. Allerdings besitzen die meisten Werkzeugkegel

---

[1] KIENZLE, O.: Der Betrieb 4 (1922) S. 299.

(namentlich bei der Ausführung mit Lappen) keine geeignete Anlagefläche, so daß man im allgemeinen das Gerät nur so aufsetzen kann, daß der eine Feinzeiger beim Normal und Prüfling annähernd gleiche Ausschläge zeigt. Bezeichnet man die Anzeigen der beiden Feinzeiger auf dem Normal mit A und B, auf dem Prüfling mit A_1 und B_1, so ergibt sich bei einem Abstand L der beiden Feinzeiger der Unterschied der beiden Kegel $\Delta(1:x)$ aus

$$\Delta(1:x) = \frac{(A-A_1)-(B-B_1)}{L} = 2\tan\Delta\,\frac{\alpha}{2}. \tag{53}$$

Setzt man die Unsicherheit der 4 Feinzeigeranzeigen zu $\pm 1\,\mu$m und die von L zu $\pm 0{,}05$ mm an, so entspricht das bei $L = 50$ mm einer Unsicherheit des Winkelvergleichs von etwa $\pm 8''$. Ein derartiges Gerät ist besonders für die Kontrolle während des Schleifens von Kegeln und für Massenprüfungen geeignet.

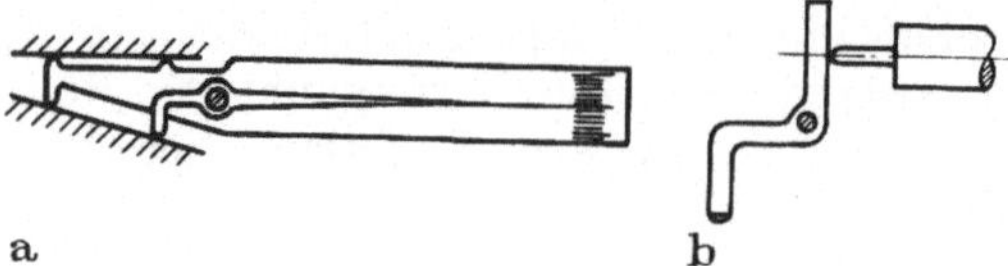

a

b

Abb. 104a u. b. Innenkegelmessung mit Feinzeiger

Auch für den Vergleich von Innenkegeln lassen sich in ähnlicher Weise wie bei den Außenkegeln einfache Handgeräte aufbauen. Eine Vorrichtung dafür ist schematisch in Abb. 104a wiedergegeben. Besser wäre wohl (wie bei Innenmeßgeräten), den beweglichen und gleicharmigen Winkelhebel auf einen Feinzeiger wirken zu lassen (Abb. 104b), wodurch leicht eine hohe Übersetzung zu erreichen ist. Infolge des Meßkrafteinflusses wird man allerdings mit Meßunsicherheiten von etwa $\pm 30''$ rechnen müssen.

Bei dem Kegelmeßgerät nach Abb. 105 sind zwei Bohrungsmeßeinheiten, die mit Dreipunktberührung arbeiten, so vereinigt, daß zwei Durchmesser in einem

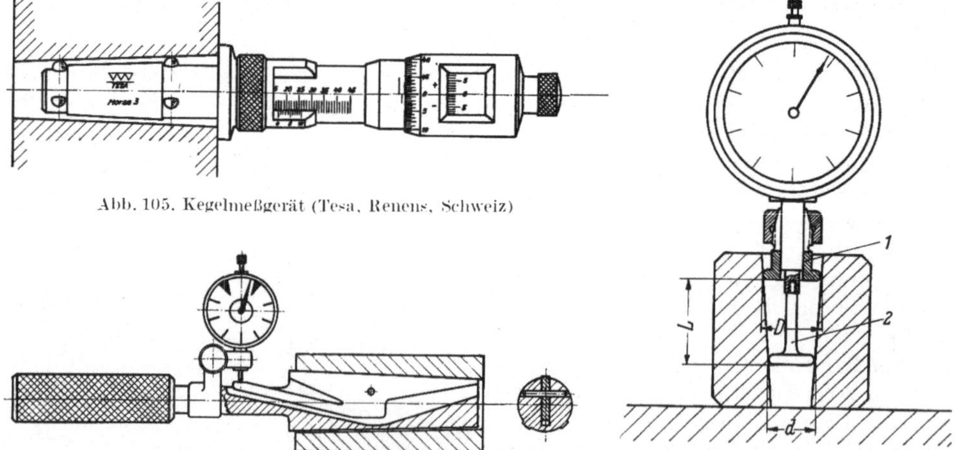

Abb. 105. Kegelmeßgerät (Tesa, Renens, Schweiz)

Abb. 106. Innenkegelvergleicher (Hahn & Kolb, Stuttgart)

Abb. 107. Innenkegelvergleicher

konstanten Abstand voneinander gemessen werden können. Die Entfernung der beiden Durchmesser von der Stirnfläche des Prüflings läßt sich durch einen Kordelring bis auf 0,1 mm einstellen. Die Einstellung des Gerätes erfolgt entweder mittels zweier Einstellringe oder mit einer Kegellehrhülse. Die Meßunsicherheit für die Durchmesser wird mit $\pm 2\,\mu$m angegeben.

Der Innenkegelvergleicher nach Abb. 106 ist praktisch das Gegenstück zum Außenkegelvergleicher nach Abb. 102. Das ebenfalls mit Kegellehren einstellbare

Gerät besitzt gleichfalls zwei feste Stützleisten und eine bewegliche Anlagefläche, die über einen Hebel auf einen Feinzeiger wirkt. Bestreicht man die festen Stützleisten mit Tuschierfarbe, so kann man außerdem feststellen, ob der zu prüfende Kegel hohl oder ballig ist.

Ein einfacher Innenkegelvergleicher ist in Abb. 107 dargestellt. An einen Feinzeiger wird in der gezeigten Weise ein einfacher Ansatz *1* mit ringförmiger Meßfläche an den Schaft geklemmt und anstelle des Meßhütchens ein Meßeinsatz *2*, ebenfalls mit ringförmiger Meßfläche, eingeschraubt. Die Durchmesser und Abstände der Ringfläche lassen sich auf die gebräuchlichen Kegel abstimmen. Das Gerät eignet sich besonders als einfaches Handgerät für die Prüfung während der Fertigung. Die Unsicherheit des Vergleichs zweier Kegelhülsen beträgt etwa $\pm 5''$. Aus dem Unterschied ΔL der Anzeigen bei Normal und Prüfling läßt sich der Kegelfehler bestimmen aus

$$1 : x = \frac{(D - d)}{L}$$

zu

$$\Delta\,(1 : x) = -\left(\frac{1}{x}\right)^2 \cdot \frac{\Delta L}{(D - d)}$$

oder

$$\Delta\,\frac{\alpha}{2} = -\frac{2\sin^2\dfrac{\alpha}{2}}{(D - d)} \cdot \Delta L\,.$$

4.4 Winkelmessungen mit Meßdornen

In ähnlicher Weise wie bei der Messung von Innenkegeln mit Hilfe von Kugeln und Tiefenmaßen (s. Abb. 99) lassen sich Winkel zwischen zwei Ebenen auch unter Verwendung von Meßdornen bestimmen. Dazu muß der Unterschied des Abstandes zweier nacheinander in den Winkel eingelegter Meßdorne mit verschiedenem Durchmesser von einer Bezugsebene ermittelt werden.

Bei Messung des Abstandsunterschiedes auf der Winkelhalbierenden gilt nach Abb. 108

$$\sin\frac{\alpha}{2} = \frac{D - d}{2\left(L - \dfrac{D}{2} + \dfrac{d}{2}\right)} = \frac{D - d}{2L - (D - d)}\;;$$

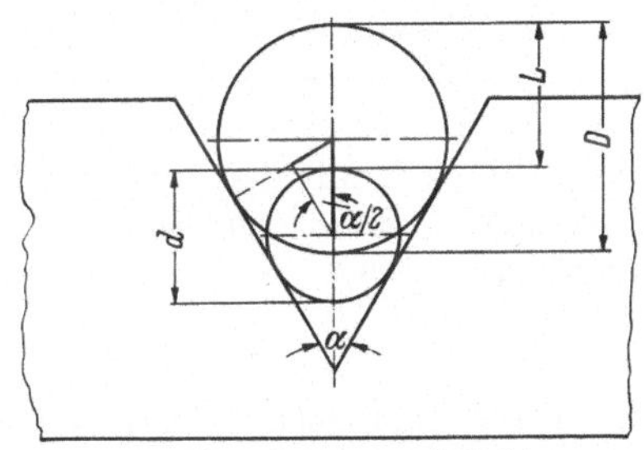

Abb. 108. Winkelmessung mit Meßdornen

mit den Unsicherheiten $\delta\,(D - d)$ und δL wird die Unsicherheit von α

$$\delta\alpha = \frac{4 \cdot \tan\dfrac{\alpha}{2}}{2L - (D - d)}\,\sqrt{\left[\frac{L}{D - d}\,\delta\,(D - d)\right]^2 + \delta L^2}\,.$$

Die Unsicherheit der Meßdorndurchmesser wird bis zu 10 mm mit $\delta D = \delta d = \pm\,0{,}5\,\mu\mathrm{m}$ garantiert. Bei Messung von L mit Feinzeigern oder mit dem Abbe-Längenmesser kann man $\delta L = \pm\,1{,}5\,\mu\mathrm{m}$ ansetzen.

Damit wird bei Messung einer 60°-V-Nut mit den Werten $\delta\,(D - d) = \pm\,0{,}7\,\mu\mathrm{m}$, $\delta L = \pm\,1{,}5\,\mu\mathrm{m}$, $(D - d) = 2$ mm, $L = 3$ mm

$$\delta\alpha \approx \pm\,1{,}06 \cdot 10^{-3} \approx \pm\,3'39''\,.$$

Wird der Abstandsunterschied L parallel einer Winkelfläche gemessen (Abb.109), so erhält man den Winkel aus

$$\tan \frac{\alpha}{2} = \frac{D-d}{2L-(D-d)}\ .$$

Die Meßunsicherheit wird dabei

$$\delta\alpha = \frac{2\sin\alpha}{2L-(D-d)}\ \sqrt{\left[\frac{L}{D-d}\,\delta(D-d)\right]^2 + \delta L^2}\ .$$

Bei der Messung des Winkels von Schwalbenschwanzführungen kann man L in einfacher Weise durch Ausfühlen mit Endmaßen oder feingestuften Meßdornen

Abb. 109. Winkelmessung mit Meßdornen an Schwalbenschwanzführungen

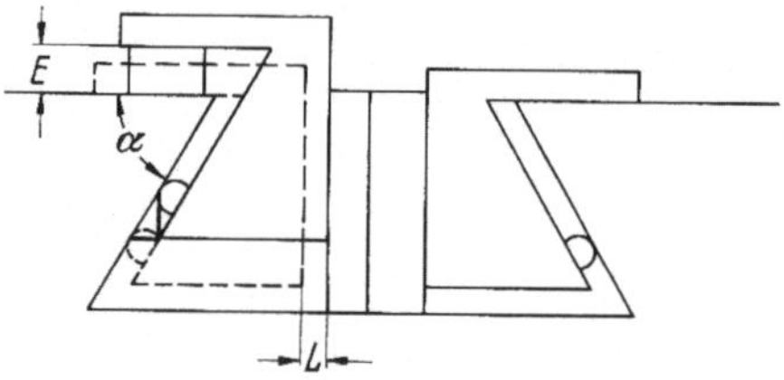

Abb. 110. Winkelmessung an Schwalbenschwanzführungen

erhalten. Dabei wird man δL zu $\approx \pm 3\ \mu$m annehmen müssen. Setzt man wiederum $\delta(D-d) = \pm 0,7\ \mu$m, $D-d = 2$ mm und $L = 2,732$ mm, so wird mit $\alpha = 60°$

$$\delta\alpha \approx \pm 1.58 \cdot 10^{-3}\,,$$

$$\delta\alpha \approx \pm 5'26''\ .$$

Ist die Grundfläche der Schwalbenschwanzführung nur grob bearbeitet, so kann die Messung auch mit einem Hilfskörper erfolgen, der in zwei Höhen angelegt wird (Abb. 110).

Es wird damit der auch für die Funktion wichtigere Winkel zwischen der Auflagefläche (des Gegenstückes) und der Schwalbenschwanzfläche gemessen. Er ergibt sich aus

$$\tan\alpha = \frac{E}{L}\ .$$

Die Höheneinstellung E sowie die Bestimmung des Abstandsunterschiedes L zu einer Bezugsfläche erfolgt wiederum mit Endmaßen.

4.5 Einstellung von Winkeln an Werkzeugmaschinen

Zur Bearbeitung von Werkstücken, deren Flächen oder Bohrungen mit der Aufspannfläche des Werkstückes bestimmte Winkel einschließen sollen, ist stets eine Kippung des Werkstückes gegenüber der Vorschubrichtung des Werkstückes oder bei feststehendem Werkstück eine Kippung des Werkzeuges gegenüber der Werkstückaufspannfläche erforderlich.

Die Einstellung der Winkel an den Werkzeugmaschinen wird vorwiegend mit Teilkreisen beobachtet. Abgesehen von speziellen Winkelaufspann- und Rundtischen mit Skalenwerten bis zu $1''$, die als Zubehör z. B. für Lehrenbohrwerke zur Verfügung stehen, können mit den üblichen Ableseeinrichtungen am Teilkreis meist nur $5' \cdots 1°$ abgelesen werden. Die dadurch bedingte Einstellunsicherheit steht sehr oft im Widerspruch zu der durch die Qualität der Führungen gegebenen Leistungsfähigkeit der Maschinen.

Neben der Anwendung der in Abschn. 3.27 und 3.28 bereits beschriebenen Geräte kann die Einstellung von Winkeln mit Unsicherheiten von weniger als 1′ auch mit Hilfe von Winkelendmaßen (s. Abschn. 3.131)·vorgenommen werden.

Abb. 111 zeigt eine Werkzeugfräsmaschine, deren Aufspanntisch um $\pm 20°$ gegenüber der Waagrechtebene geschwenkt werden kann. Die Kreisteilung der Schwenkeinrichtung hat einen Skw von 1°, die Einstellunsicherheit beträgt etwa $\pm 20′$. Dieser Betrag wird wesentlich verringert, wenn die Winkeleinstellung durch Winkelendmaße und ein Unterschiedsmeßgerät vorgenommen wird.

Die dem Einstellwinkel entsprechende Winkelendmaßkombination 2 wird auf die Spannfläche des Schwenktisches 1 aufgesetzt und ein am Frässpindelstock 3 der Maschine befestigter Feinzeiger 4 gegen die freie Winkelendmaßfläche angestellt. Der Einstellwinkel stimmt mit dem Winkel der Maßverkörperung überein, wenn beim Verschieben des Aufspanntisches in Vorschubrichtung keine fortschreitende Anzeigeänderung auftritt. Soll die Einstellunsicherheit kleiner als 10″ sein, so darf bei fehlerfreien Winkelendmaßen die Anzeigeänderung am Feinzeiger bei 50 mm Verschiebeweg des Tisches 2,5 μm nicht überschreiten.

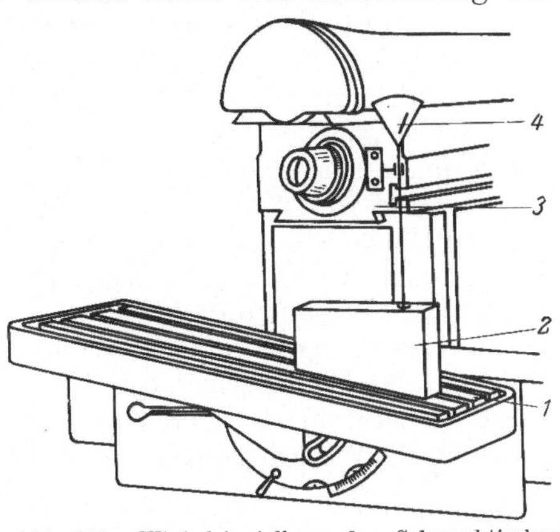

Abb. 111. Winkeleinstellung des Schwenktisches einer Fräsmaschine mit Winkelendmaßen und Feinzeiger. *1* Schwenktisch; *2* Winkelendmaß; *3* Frässpindelstock; *4* Feinzeiger

Zur Kontrolle des Einstellwinkels kann auch eine Richtwaage (s. Abschn. 3.23) auf die freie Fläche der Winkelendmaßkombination aufgesetzt werden. Allerdings muß hierbei der infolge Schiefstellung der gesamten Maschine vorhandene Ausschlag der Libelle in der Nullstellung des Aufspanntisches berücksichtigt werden; es sei denn, man verwendet eine Richtwaage mit Justiereinrichtung, mit der die Libelle in der Ausgangsstellung auf 0 eingestellt werden kann (s. z. B. Abb. 39).

Bei höchsten Ansprüchen kann die Lage der Winkelendmaßfläche auch mit einem Autokollimationsfernrohr geprüft werden. Dazu ist jedoch vor dem Schwenken das AKF erst gegen eine gut reflektierende, auf der Aufspannfläche aufliegende planparallele Platte auszurichten.

Zur Vermeidung von Pyramidalfehlern sind die Seitenflächen des Winkelendmaßes in allen Fällen parallel zur Vorschubrichtung auszurichten.

Auch bei Verwendung von speziellen Winkelaufspanntischen (Abb. 67) oder von Sinusaufspanntischen (Abb. 26), die vor allem an Flachschleifmaschinen eingesetzt werden, ist eine Kontrolle des eingestellten Winkels mit Winkelendmaßen zur Verringerung der Einstellunsicherheit zu empfehlen.

Kleinste Fehler und Unsicherheiten werden bei der Einstellung von Winkeln an Rundschleifmaschinen, wie z. B. zum Schleifen von Kegeln, gefordert. An diesen Maschinen sind der Werkstückspindelstock und der Reitstock meist auf einem Obertisch aufgenommen, der zum Schleifen kegliger Werkstücke gegen den Untertisch gedreht werden muß.

Die Einstellung der meist kleinen Drehwinkel des Obertisches erfolgt in vielen Fällen mit Feinzeiger und Parallelendmaßen nach dem Tangensprinzip. Der am Untertisch im größtmöglichen Abstand von der Drehachse befestigte Feinzeiger wird dazu gegen eine Anlagefläche am Obertisch angestellt. Zur Einstellung des gewünschten Winkels φ wird zwischen Feinzeiger und Anlagefläche eine Endmaßkombination von der Länge $E = l \cdot \tan\varphi$ gebracht und der Tisch gedreht, bis die Feinzeigeranzeige die gleiche wie in der Nullage des Tisches ist.

Von dem Einfluß des unvermeidlichen Spieles in der Drehachse wird man unabhängig bei der Einstellung mit Winkelendmaßen. Dazu ist am Obertisch eine zur Spitzenlinie parallel justierte Anlagefläche zu schaffen. Für die Winkeleinstellung wird ein dem halben Kegelwinkel entsprechendes Winkelendmaß an diese Anlagefläche angelegt und durch Abfahren der freien Fläche mit einem am Grundbett befestigten Feinzeiger die richtige Winkellage geprüft.

Auf die gleiche Weise kann auch eine Drehung des Werkstückspindelstockes mit geringer Unsicherheit vorgenommen werden. Das ist vor allem für das Schleifen einwandfreier Winkel an Körnerspitzen wichtig.

Schließlich sei noch auf die grundsätzliche Anwendbarkeit von Winkelendmaßen sowie von Geräten nach Abb. 42 und 68 zur Winkeleinstellung an drehbaren Spannplatten und Maschinenschraubstöcken, im besonderen auch an Baukastenvorrichtungen, und auf die dabei erreichbare kleine Einstellunsicherheit hingewiesen. Die Unsicherheit beim Messen, Einstellen oder Bearbeiten eines Winkels ist jedoch sehr von der Unebenheit der Aufspannflächen sowie von der Qualität der Führung des Werkstückes oder des Werkzeuges abhängig.

721/6/64

(Fortsetzung 4. Umschlagseite)